岛屿的故事

DAOYUDEGUSHI

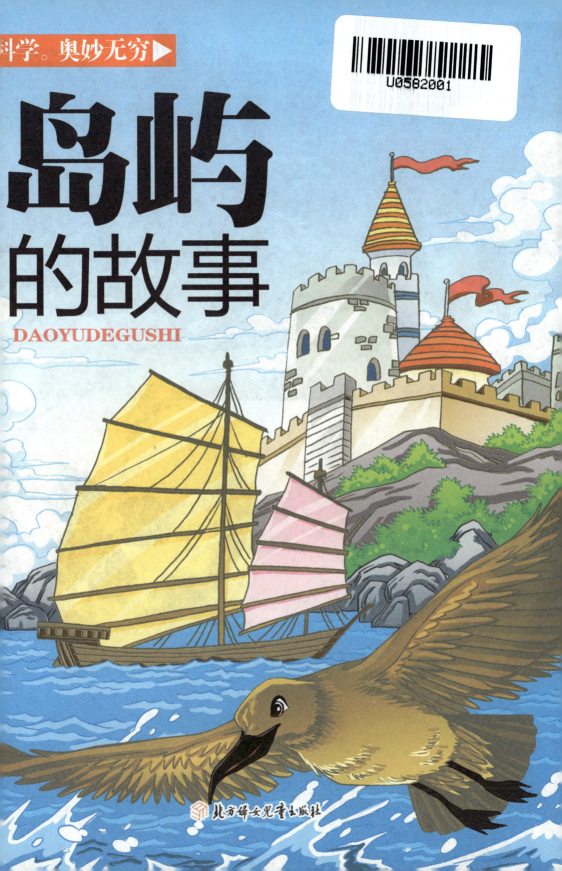

北方妇女儿童出版社

目

录

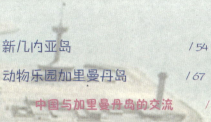

目 录

地球上水域辽阔，岛屿众多，因为它们的与世隔绝、遥远缥缈，早在远古人们就对少昊之国、蓬莱仙岛这些海外仙山寄予了无限遐想而心向往之，并且不断有人为了寻找和探索它们而前仆后继。随着科技的发展，交通变得越来越便利，岛屿对于现在的人们来说不再是那么遥不可及的所在，随着人们对岛屿的研究越来越深入，这些水中的陆地也渐渐揭开了它们神秘的面纱，一点一点地展现在我们眼前。

● 水中的陆地

岛屿或岛是指四面环水并在涨潮时高于水面的自然形成的陆地区域（根据《联合国海洋法公约》）。岛屿和大陆是一个相对的概念，学界将格陵兰岛规定为世界上面积最大的岛屿，而面积比这还大的澳大利亚则被定为了大陆。在狭小的地域集中两个以上的岛屿，即成"岛屿群"，大规模的岛屿群称作"群岛"或"诸岛"，列状排列的群岛即为"列岛"。

而如果一个国家的整个国土都坐落在一个或数个岛之上，则此国家可以被称为岛屿国家，简称"岛国"。

另外，根据是否可以满足人类活动，也可以分为"岛"和"礁"。在《联合国海洋法公约》中对"礁石"有特别的规定。在中国沿海渔民习惯中，岛屿上有土的，一般被归为"岛"，而没有土的则归为"礁"。

沿海各地对岛屿的称呼有所不同,有相当多的地区以"山"为名,尤以浙江沿海为多,长江以南(浙、闽、台、粤等地)对小岛又通常称为"屿"。但实际上"岛"、"屿"从未有正式或确定的定义,例如台湾的绿岛面积仅为兰屿的1/3,但前者为"岛",后者为"屿"。而"排"、"石"或"岩"等则通常指更小的岛屿。有的岛虽然细小,但是用"洲"来命名的,如香港的长洲,广东一带使用较多,同时内河(如长江)中因江河冲击而形成的沙洲型岛屿多使用"洲"为名,如南京的江心洲。

　　海洋中的岛屿面积大小不一,小的不足1平方千米,称"屿";大的达几百万平方千米,称为"岛"。

岛屿的形成 〉

• 地壳活动

因地壳运动引起陆地下沉或海面上升，部分陆地与大陆分离成岛。从成因上讲岛屿可分为大陆岛和海洋岛两类。大陆岛是大陆的"本家"。多呈花彩链状分布在大陆边缘的外围。在地质构造上与附近大陆相连，只是由于地壳变动或海水上升，局部陆地被海水包围而成岛屿。中国的台湾岛就是最典型的大陆岛。

• 火山喷发或珊瑚虫分泌

由海底火山作用而产生的喷发物质（主要是熔岩）堆积而成或由珊瑚虫的分泌物和遗骸堆积的珊瑚礁构成。由海底火山喷发，火山喷发物堆积而形成的岛屿叫火山岛。太平洋中的夏威夷岛是典型的火山岛。塑造珊瑚岛的主力军是珊瑚虫。珊瑚虫遗体堆积而成的海岛叫珊瑚岛。珊瑚岛主要分布在南北纬 20° 之间的热带浅海地区，以太平洋的浅海比较集中，如澳大利亚东北面的大堡礁。中国南海诸岛中的多数岛屿均为珊瑚岛。

- 泥沙堆积

　　由河流、湖泊中的泥沙堆积而成。冲积岛则是由河流或波浪冲积
而成的岛屿。中国长江口的崇明岛就是中国最大的冲积岛。

岛屿的分类 〉

按岛屿的成因可分成大陆岛、火山岛、珊瑚岛和冲积岛以及人工岛五大类。

• 大陆岛

大陆岛是一种由大陆向海洋延伸露出水面的岛屿。世界上较大的岛基本上都是大陆岛。它是因地壳上升、陆地下沉或海面上升、海水侵入，使部分陆地与大陆分离而形成的。世界上最大的格陵兰岛、著名的日本列岛、大不列颠群岛，以及中国的台湾岛、海南岛，都是大陆岛。

中国大陆岛总数是 6000 多个，占中国海岛总数的 90% 之多，面积占中国海岛总面积的 99% 左右。中国的大陆岛绝大多数为基岩岛，主要分布于大陆沿岸和近海。由于中国长江口以北主要为平原海岸、东南和华南主要为山地丘陵和台地海岸，使得中国的大陆岛分布不均，形成南多北少的格局，并很有规律地向北偏东方向排列。

大陆岛原来实际是大陆的一部分，多分布在离大陆不远的海洋上。大陆岛的形成主要是陆地局部下沉或海洋水面普遍上升。下沉的陆地，低的地方被海水淹没，高的地方仍露出水面，露出水面的那部分陆地，就成为海岛。有些大陆岛，如新西兰、马达加斯加岛等，是地质历史上大陆在漂移过程中被甩下的小陆地。大陆岛有大岛，也有小岛。但世界上大岛都是大陆岛。

在地貌上，大陆岛保持着和大陆相同

基岩岛

或相似的特征。在我国的辽东半岛和山东半岛的丘陵海岸，地势不算很高，所以附近的海岛海拔也不高，面积也都在30平方米以下。而在山峰纵横的东南沿海，海岛不仅多，而且海岛的海拔、面积也较大，我国面积大于100平方千米的大岛大都分布在这里。在方圆广阔的大岛上，有平原、丘陵和山地，远望山峦起伏，近看悬崖陡壁，山峰直刺青天。如：海南岛的五指山山脉和台湾岛的台湾山脉，海拔都在1000米以上；台湾的玉泉山海拔3997米，是我国东南沿海的最高峰。

• 大陆岛的成因主要有：

1. 因构造作用，如断层或地壳下沉，致使沿岸地区一部分陆地与大陆相隔成岛；或因陆块分裂漂移，岛与原先的大陆之间被较深、较广的海域隔开。前者如中国的台湾岛、海南岛，欧洲的不列颠群岛，北美洲的格陵兰岛和纽芬兰岛等；后者如马达加斯加岛、塞舌尔群岛等。

2. 由冰碛物堆积而成。原为大陆冰川的一部分，后因间冰则气候变暖，冰川融化，海面上升，同大陆分离，如美国东北部沿岸和波罗的海沿岸的一些岛屿。

3. 由海浪冲蚀而成的冲积岛，其高度与大陆相一致，周围有海蚀地形，存在的时间短暂，在波浪的冲蚀下很快就会消失。

13

DAO YU DE GU SHI

● 火山岛

　　海底火山在喷发中不断向上生长，会露出海面形成火山岛。1796年，太平洋北部阿留申群岛中间的海底火山不断喷发，熔岩越积越多，几年后，一个面积30平方千米的火山岛就出现在海面上。在距离澳大利亚东岸约1600千米的太平洋上，有一个小岛，叫法尔康岛。1915年这个小岛突然消失，但是11年后它又重新冒出海面。原来这就是海底火山喷发和波浪作用造成的。

　　从板块运动论来说：由于板块运动，海底各板块结合处裂谷溢出的熔岩流，以后逐渐向上增高，形成了海底火山。海底火山在喷发中不断向上生长，会露出海面形成火山岛。

　　海底火山起初只是沿洋底裂谷溢出的熔岩流，以后逐渐向上增高。大部分海底火山喷发的岩浆在到达海面之前就被海水冷却，不再活动了。所以，人们从来没有真正看到过海底火山爆发的景象。至多，只是看到海底的熔岩泉不断冒出新的岩浆形成新的火成岩。美国一个潜水探险队的两个成员，曾经冒着生命危险探索夏威夷群岛火山。在水面下30多米的深度，他们拍摄到了不断从海底火山口流出的熔岩河流，沿着火山的山坡向更深的海底奔腾而下，而周围的海水温度被加热到100℃以上。如果没有先进的潜水设备，他们根本就不可能靠近海底的岩浆。

　　火山岛按其属性分为两种，一种是大洋火山岛，它与大陆地质构造没有联系；另一种是大陆架或大陆坡海域的火山岛，它与大陆地质构造有联系，但又与大陆岛不尽相同，属大陆岛屿大洋岛之间的过渡类型。

　　我国的火山岛较少，总数不过百，主要分布在台湾岛周围，在渤海海峡、东海陆架边缘和南海陆坡阶地仅有零星分布。

14

台湾海峡中的澎湖列岛（花屿等几个岛屿除外）是以群岛形式存在的火山岛；台湾岛东部陆坡的绿岛、兰屿、龟山岛，北部的彭佳屿、棉花屿、花瓶屿等岛屿，渤海海峡的大黑山，西沙中的高尖石岛等则都是孤立海中的火山岛。它们都是第四纪火山喷发而成，形成这些火山岛的火山现在都已停止喷发。

火山喷发的熔岩一边堆积增高，一边四溢滚淌，所以火山岛形成中呈圆锥形的地形，被称为火山锥。它的顶部为大小、深浅、形状不同的火山口。有许多火山喷发的地方都形成崎岖不平的丘陵。我国的

火山岛主要是玄武岩和安山岩火山喷发形成的。玄武岩浆黏度较稀，喷出地表后，四溢流淌，由此形成的火山岛的坡度较缓，面积较大，高度较低，其表面是起伏不大的玄武岩台地，如澎湖列岛。安山岩属中性岩，岩浆黏度较稠，喷出地表后，流动较慢，并随温度降低很快凝固，碎裂的岩块从火山口向四周滚落，形成地势高峻，坡度较陡的火山岛，如绿岛和兰屿。如果火山喷发量大，次数多，时间长，自然火山岛的高度和面积也就增大了。

火山岛形成后，经过漫长的风化剥蚀，岛上岩石破碎并逐步土壤化，因而火山岛

海底火山喷发

15

上可生长多种动植物。但因成岛时间、面积大小、物质组成和自然条件的差别，火山岛的自然条件也不尽相同。澎湖列岛上土地瘠薄，常年狂风怒号，植被稀少，岛上景色单调。绿岛上地势高峻，气候宜人，树木花草布满山野，景象多姿多彩。

火山岛主要由玄武岩组成。在地质学的岩石分类中，玄武岩和花岗岩同属于岩浆岩（也叫火成岩）。但玄武岩属于喷出型岩浆岩，是由火山喷发出的岩浆冷却后凝固而成的一种致密状或泡沫状结构的岩石。火山爆发流出的岩浆温度高达1200℃，因有一定的黏度，在地势平缓时，岩浆流动很慢，每分钟只流动几米远，遇到陡坡时，速度便大大加快。岩浆在流动过程中，携带着大量水蒸气和气泡，冷却后，便形成了各种形状各异、含有大量气孔的玄武岩。

而花岗岩属于侵入型岩浆岩，是岩浆在地壳中侵入到靠近地表的地方，因温度下降冷却凝固形成的。因为没有岩浆喷出口，岩浆运动缓慢，温度逐渐降低，所以花岗岩等侵入岩中有明显的结晶，如石英、长石、云母、石英等。

广西南临北部湾。北部湾是南海西北部一个天然的半封闭海湾，这片海域区位优越、资源丰富。北部湾海域属亚热带海洋，适于各种鱼类繁殖生产，加之陆上河

流携带大量的有机物及营养盐类到海洋中去，使北部湾成为中国高生物量的海区之一。出产的鱼贝类有500多种，其中具有捕捞经济价值的50多种，以红鱼、石斑、马鲛、鲳鱼、立鱼、金线鱼等10多种最为著名，其他海产中的鱿鱼、墨鱼、青蟹、对虾、泥鳅、文蛤、扇贝等品种，以质优、无污染而在国内外市场享有声誉。

环北部湾滨海旅游以"山、海、边"著称，而火山岛，就坐落在这片富有魅力的大海上。

火山岛，当地俗称"六墩岛"，由6座相连的小岛组成。传说在很久以前，在这里的一条小龙，爱上了天宫里的仙女，经常跑到天上与仙女相会，犯了天条。玉皇大帝一怒之下追到这里，把小龙砍成六截，化成六座小岛。那位仙女经常来到这里，祭拜小龙，因此小岛也沾染了一点仙气。因此，火山岛的条件得天独厚，周围的海水清澈而湛蓝。

火山岛沙滩细软柔和，50万年前的火山运动生成的岩石，经由海水冲刷多年后有着特殊的纹理。火山岛岸边鸟声唉唉，是白鹭的长居之所。岛上树木葱翠，树木种类繁多，更有平常不多见的热带野果，是名副其实的火山岛。在岛上，特别是海面上吊养大蚝的一片片浮排，和插养在滩涂上的一块块蚝田，也是一幅壮观的景象。风平浪静的海湾，碧蓝的海水轻轻地摇曳着沉睡的万亩大蚝排，洁白的海鸥不时地掠过海面，满载而归的渔船缓缓游入港湾……渔家乐旅游是火山岛的一大特色，不可不尽兴而归，如果只想散散心，那就任由自己沉浸在岛上迷人的风光里，或是赤着脚在细柔的沙滩上散散步。站在火山岛的小山上极目远眺，还可望见附近几座葱翠仙灵的小岛和现代化的港口。

珊瑚岛 >

一般分布在热带海洋中，与大陆的构造、岩性、地质演化历史没有关系，因此珊瑚岛和火山岛一起被统称为大洋岛。它是由活着的或已死亡的一种腔肠动物——珊瑚虫的礁体构成的一种岛，因此称珊瑚岛。在珊瑚岛的表面常覆盖着一层磨碎的珊瑚粉末——珊瑚砂和珊瑚泥。

珊瑚虫死后，其身体中含有一种胶质，能把各自的骨骼黏结在一起，一层粘一层，日久天长就成为礁石了。在满足珊瑚虫生息的条件下，珊瑚岛的形成必须要有水下岩礁作为基座，这就是珊瑚岛

分布于热带海洋、远离河口、坐落于海山和陆坡阶地上面的原因。珊瑚礁生成以后，珊瑚虫不断生息繁衍，随着海平面的上升或地壳的下降，当礁体的下沉速度等于或小于珊瑚礁的生长速度时，礁体便向上和四周生长扩大，形成环礁；在波浪作用下，破碎的珊瑚沙向环礁中适宜堆积的地方集中，日久天长的堆积，礁体出露海面，珊瑚岛就形成了。如果珊瑚礁的生长速度不及礁体下沉或海面上升的速度，当水深超过40米时，珊瑚虫不能生存，礁体便停止了生长，就变成了水下环礁。

珊瑚虫的骨骼成分均为碳酸钙，由个体的基盘及体柱下端表皮细胞向外分泌钙质，共同构成一个杯状骨骼，杯状骨骼形成时，个体基盘部分分泌钙质形成基板，体柱下端分泌的钙质形成杯槽的四周，群体之间珊瑚与珊瑚杯底相连，杯壁共同拥有，又以出芽的方式繁殖向上生长，一般在相同条件下，块状珊瑚每年增长仅0.5—2毫米厚度，枝状珊瑚能长10—20厘米，这样无数的小珊瑚虫不断地生长、繁殖，经过许多年就长成了我们看到的一块块、一束束珊瑚的模样。它们再与形成钙质骨骼的其他动植物的尸体，如软体动物、腕足动物、棘皮动物、石灰藻等，一起经过地质年代的堆积作用，才能在海洋中形成礁石、岛屿。

珊瑚岛主要集中于南太平洋和印度洋中。珊瑚礁有三种类型：岸礁、堡礁和环礁。世界上最大的堡礁是澳大利亚东海岸的大堡礁，长达2000千米以上，宽50—60千米，十分壮观。

并不是所有的海域都能形成珊瑚岛

的。珊瑚的生长发育要求具有严格的生态条件。首先，温度是影响造礁珊瑚生长的限制性因素，只有海水的年平均温度不低于20℃，珊瑚虫才能造礁，其最适宜的温度范围是22℃—28℃，所以珊瑚礁、珊瑚岛都分布在热带及亚热带海域，我国的西沙群岛、南沙群岛、中沙群岛均为珊瑚所形成的岛屿。

其次，造礁珊瑚要求一定的海域深度，它们主要生活在浅海区，因为在浅海区日光可以很好地穿透、射入海底，有利于珊瑚体内共生藻类的光合作用。风浪、海水的震荡为珊瑚提供了丰富的食物源及充足的氧气，并易于移走代谢产物。

另外，造礁珊瑚要求生活在较清洁的海水中，如果过多的陆源物质污染海水，便会抑制珊瑚取食、呼吸等正常生理作用的进行。所以珊瑚礁一定是在热带、亚热带海域，在阳光充足、水质清澈的浅海区形成。

• 珊瑚礁的形成

造礁珊瑚和其他生物的碳酸钙骨骼堆积在一起，形成巨大的胶体，即所谓的"珊瑚礁"。珊瑚礁的形成，除了造礁珊瑚扮演关键角色之外，还需加上其他生物，例如：贝类、石灰藻、有孔虫等分泌钙质骨骼的胶结作用，并且经过长期的累积，才可形成巨大的地质构造——珊瑚礁。珊瑚礁形成的基本条件

是珊瑚的建造作用必须高过其他生物的破坏作用。在光照充足、海域温度适宜且无污染的海域，珊瑚的造礁作用旺盛，就是珊瑚礁形成的良好环境。由于受到各地环境因素及地质作用的影响，因此在不同地区常形成不同形态的珊瑚礁。

在热带海洋中，触目皆是一块块巨大的珊瑚礁石或珊瑚构成的岛屿。这些礁石和岛屿往往被人们误认为是岩石所成，实际上它们是由珊瑚虫建造的。珊瑚虫是一种海洋腔肠动物，身体呈圆筒形，辐射对称，上端有口，口周围有几条触手，下端有基盘，起固定作用，体壁有内外胚层构成。外胚层能分泌石灰质或角质的骨骼，这就是通常所说的珊瑚。

珊瑚虫生长和繁殖都很快，群体不断出芽。当珊瑚虫死亡后，它们的子孙即在祖先的"遗骨"上一代一代地繁殖下去，年深日久，日积月累，珊瑚虫群体逐渐在海岛四周或海边堆积，形成一块块硕大的礁石或一座座岛屿。凡是能造礁

的珊瑚，称为造礁珊瑚；不能造礁的珊瑚称为非礁珊瑚。在珊瑚礁的周围，有许多藻类和海洋动物，它们构成珊瑚礁生物群落。这些藻类在珊瑚虫制造骨骼时，会排放二氧化碳来制造养分，同时释放出大量的氧，而珊瑚虫会吸收这些氧。所以珊瑚礁就像热带雨林一般，能制造生物生存所需要的氧，被称为"海洋的热带雨林"。

珊瑚对人类有许多益处。珊瑚岛可供人类居住；其礁石烧成石灰，可用于建筑。古珊瑚礁和现代珊瑚礁可以形成储油层，对开采石油有重要意义。目前已发现和开采的礁型大油田已有十多个，可采储量达50亿吨。软珊瑚、柳珊瑚等是非常好的药材。珊瑚有黄、白、红和蓝色，其形状千姿百态，是天然装饰品。但由珊瑚礁形成的暗礁，也常会给航行中的舰船带来沉船之灾。

• 中国境内的珊瑚岛

在祖国大陆南方的南海之中，就有这样的珊瑚岛。它们星罗棋布于万顷碧波之中，展布位置自北向南分为四个岛群，分别称为东沙群岛、西沙群岛、中沙群岛和南沙群岛，这些岛群习惯上又称为南海诸岛。其中，东沙群岛距祖国大陆最近；西沙群岛居中；中沙群岛紧靠西沙东南方，是一个水下大环礁，只有黄岩岛出露海面；南沙群岛居南，距祖国大陆最远。除西沙群岛中的高尖石岛外，南海诸岛都是珊瑚岛。

南海中的珊瑚岛数量很多，但面积都很小。我国的南海诸岛岛礁有 200 多座，总面积有 12 万平方千米；存在形式各不一样，分别以岛、礁、沙、滩相称。一般地讲，大潮时出露水面、面积较大的称岛或沙洲；出露水面面积较小的礁石称明礁；大潮涨潮淹没、退潮露出的称暗礁；长期淹没于水下的称暗水和；淹没较深，表面平坦的水下台地称暗滩。现已命名的岛、礁、沙、滩有 258 个，其中岛屿 35 个、沙洲 13 个、暗礁 113 个、暗沙 60 个、暗滩 31 个，以"石"或"岩"命名的礁石 6 个，分布

中沙群岛

海域面积从北面的东沙岛到最南端的曾母暗沙附近，达 100 多万平方千米。

中生代时浩瀚的南海还是一片陆地，与我国华南大陆连在一起。到了新生代的第三纪，地壳发生差异性断陷，随着断陷的不断加深，便形成了南海盆地。到中新世时，又发生了火山喷发，形成一系列出露海面的火山锥。造礁珊瑚便在火山锥周围大量生息，形成礁裙；新构造运动又使海盆继续下沉，珊瑚礁越积越厚，便形成了珊瑚岛独具特色的地质构造。不论西沙群岛、中沙群岛、东沙群岛，还是南沙群岛，都由两种岩体构成，上部都是珊瑚灰岩，下部都是海底喷发的火山碎屑岩，再

往下才是古老的花岗片麻岩等其他基底岩石。东沙群岛、西沙群岛和中沙群岛都处在南海北部大陆坡阶梯上，南沙群岛位于南海南陆坡台阶上，基底都是大陆地壳，因而它们不同于大洋中的珊瑚岛。

珊瑚岛上地势都较低平，一般海拔3—5米，岛上几乎都由珊瑚沙覆盖，只有西沙群岛中的石岛礁岩凸起，海拔高达15.9米。由于东北和西南季风的影响，使得礁盘东北、西南两端浪大波高，水中营养盐类充足，有利于珊瑚繁殖，故而所有礁盘都向东北西南凸出，岛屿也多位于礁盘东北或西南角上，轮廓弯弯曲曲，形态各异。礁盘边缘陡立，连同圆锥形海底火

山一起高高耸立在几千米的海底之上，立体形态犹如耸立深海中的石剑。

当你乘飞机飞越南海上空时，你就会看到一个个珊瑚岛犹如绿色的宝石撒落在蔚蓝色的海面之上。白色的海浪像一只玉环围绕着环岛沙滩，沙滩中是一块块青翠的绿洲。如果乘船去西沙群岛，茫茫大海之中，你首先看到一方天空中大群海鸟在低翔，过一会儿就可见高耸于海面的树木，再过一会儿，在白浪成带、浪花飞起之处，就可以看见珊瑚岛了。

登上珊瑚岛，一派独特的热带海岛风光映入眼帘。珊瑚岛边白沙如带，银光闪耀；岛中绿洲，青草如茵，树木成林，麻枫桐挺立，迎风起舞，引来了无数海鸟群集生息，成为南海中的海鸟天堂。珊瑚礁缘或礁湖之中是珊瑚的丛林，种类繁多的珊瑚，五彩缤纷，千姿百态；活珊瑚随波摆荡，婆娑多姿；死珊瑚如灌木丛林，疏密相宜，五颜六色的鱼虾参蟹游来爬去，在各种宽窄不一的海草之中，更显绚丽多彩。

珊瑚岛外到处都有优良的海滨浴场。这里终年皆夏，水温昼夜温差不大，海水

26

洁净，任何时候都可沐浴弄潮，不论你如何嬉闹击波，都是一汪清澈的海水。

• 救救 "海上长城" ——珊瑚礁

在海底世界，珊瑚礁享有"海洋中的热带雨林"和"海上长城"等美誉，被认为是地球上最古老、最多姿多彩，也是最珍贵的生态系统之一。珊瑚在长达 2.5 亿年的演变过程中保持了顽强的生命力，不论是狂风暴雨、火山爆发还是海平面的升降都没有能让珊瑚灭绝。但是，最近数十年，人类对海洋资源的过度开发，污染，全球气候变暖，对海洋鱼类的滥捕乱杀，对珊瑚礁的掠夺性开采，使珊瑚礁出现前所未有的生存危机。

联合国环境规划署提供的数据表明，目前，全世界的珊瑚礁有 11% 遭灭顶之灾，16% 已不能发挥生态功能，60% 正面临严重的威胁。

27

• 珊瑚礁正失去斑斓色彩

珊瑚礁在全球海洋中所占面积虽不足0.25%，但超过1/4的已知海洋鱼类靠珊瑚礁生活，并相互依存。珊瑚美丽的颜色来自于体内的共生海藻，珊瑚依赖体内的微型共生海藻生存，海藻通过光合作用向珊瑚提供能量。如果共生藻离开或死亡，珊瑚就会变白，最终因失去营养供应而死。现如今，色彩斑斓的珊瑚正在逐步失去其光彩，面临生存的威胁。那么是什么原因导致珊瑚褪色变白的？

一些专家认为，珊瑚礁面临的最大威胁，仍然是过度开采和气候变化。意大利热那亚大学生态学教授维耶蒂在热那亚举行的一次海洋学会议上介绍他的研究成果时说，由于地中海水温升高，珊瑚体内的微型海藻大量死亡，使珊瑚颜色变淡，珊瑚生长受到影响。维耶蒂教授说，最近十几年来，地中海海水温度大幅升高，导致很多水生动物大量死亡。1999年夏末，利古里亚海大量软体动物死亡，有的品种完全灭绝。据观测，当时这一地区海水水温比平均温度高出4℃。

美国科学家最近又发现，海水浑浊、对阳光的透射能力下降，也会使珊瑚礁面临威胁。据最近出版的英国《新科学家》杂志报道，在佛罗里达群岛，美国海洋学家发现一部分珊瑚礁难以得到充足的阳光，光合作用产生的营养只能勉强维持生存，无法继续增长。此外，阳光不足还迫使珊瑚向浅水区迁移，而这些水域的海浪会毁坏珊瑚礁。他们说，巴哈马群岛的部分珊瑚礁也面临同样问题。有关研究发表在《实验海洋生物学及生态学》杂志上。过去20年来，沿海地区开发、海岸侵蚀、水体污染、海藻增加等因素使一些海域的海水透明度明显下降。

• 病毒袭击珊瑚礁岌岌可危

世界各地的珊瑚礁正在以惊人的速度衰退着，其中最隐匿凶险的原因之一是一种快速蔓延的致死性细菌感染——黑带病。一旦珊瑚死亡，许多藻类、海绵和鱼类就得把根部或头部扎到沙子里。如今，研究人员首次鉴定出了与此病相关的细菌。它们已经遇到了对手，而且会发现它们的对手可能就是我们人类。

自从 1972 年人们首次在中美洲伯利兹和美国佛罗里达附近的珊瑚礁上发现黑带病以来，该病已出现在世界各地。这种病得名于一簇长有数十种不同微生物的黑色细菌。以往的研究已将这种病与水温升高和富含沉积物、毒素或污水的废物联系起来，但科学家们尚未弄清导致这种疾病的确切原因。为了找出"嫌疑分子"，美国伊利诺大学的地质学家和微生物学家在加勒比海港口收集了 4700 多个健康、患病和死亡的珊瑚样本及相应的水样，以及印度洋至太平洋地区巴布亚新几内亚的纯净水样。结果证明，形成黑色带丛的丝状细菌是一些亲缘关系很近的藻青菌类。他们还发现，患上黑带病的珊瑚样本包含一些存在于下水道中的致病细胞。这些患病样本还包括了其他在该病中发挥作用的细菌，例如和鱼类疾病有关的细菌。

南马斯克林群岛

• 三成海洋生物"无家可归"

　　一项新的科学研究发现，1/3 以上的濒临灭绝的海洋生物生活在危险地区。许多海洋物种以散布于世界各地的少数珊瑚礁为栖息地。这些物种过多依赖这些受限制的危险性极大的栖息地。领导这项研究的英国约克大学罗伯茨博士说，如果不立即采取行动，海洋生物将开始灭绝。罗伯茨博士是代表"国际资源保护"组织进行这项研究的。该组织的总部设在美国华盛顿。科学家们在美国麻省波士顿"美国科学促进协会年会"上讨论了这个研究发现，并首次确定了全球珊瑚礁十大重点保护区。

　　科学家们首次列出了世界上前 10 名最脆弱的珊瑚礁热点地区，其总面积只占海洋面积的 0.017%，但包含了世界上 34% 的海洋特有物种，它们的生活地域有限。根据危险等级排名，世界最脆弱的珊瑚礁重点保护区依次位于菲律宾、几内亚湾、印尼的巽他群岛、印度洋的南马斯克林群岛、南非东部、北印度洋、日本及中国南部、佛得角群岛、西加勒比海、红海和亚丁海。

佛得角群岛

中国的珊瑚文化

我国文献中珊瑚一词最早出现在先秦时代。《山海经·海中经》记载："珊瑚出海中，岁高二三尺，有枝无叶，形如小树"，《山海经》中同时还记载了一段捕捞珊瑚而不得的故事（此处的珊瑚很可能并非贵珊瑚）。多数学者考证认为"珊瑚"二字并非汉语，而是外来词汇。一说是出自古波斯文"sanga"，意为"石头"，但现代伊朗语中并无相关记载。古波斯语与汉语的珊瑚是否相关、"珊瑚"一词从何而来尚无结论。

一般认为珊瑚是由罗马帝国（公元前27—1453年）兴盛时期的意大利人最先发现。不过最近的考古发现，在距今有3.7万年—1.2万年前的欧洲旧石器时代的洞窟中已经发现有珊瑚的碎片。而我国最早的珊瑚遗迹——一件珊瑚珠——发掘于哈密地区的七角井细石器遗址，据推测七角井细石器时代距今有1万年左右。

在古代世界，地中海地区是珊瑚的主要产地。珊瑚通过陆上"丝绸之路"和海上通商夷道两条路线向东方传播，遍及欧洲、非洲、西亚、中亚、南亚、东南亚、东亚等广大地区，及阿拉伯海、印度洋、太平洋等广袤水域。

在远古时代，华夏先民崇尚信仰红色，往往把火红的颜色与太阳相联系。因为"一切火的崇拜都起源于太阳崇拜"，红珊瑚的色泽成为了这种信仰的良好载体。此外，红珊瑚还是水（生命之源）与火（红色象征）完美结合的象征，她吻合了中华民族传统文化的两大文化体系：日神（火）、水神（水）两大文化主题的冲突，使不同宗教信仰的人们找到共同的心灵寄托。这就是为什么早在远古时代的人们会如此喜爱红珊瑚的原因。

《山海经》

31

DAO YU DE GU SHI

在道家语境中，珊瑚被视为来自神话之地蓬莱的植物。蓬莱是东海中的仙岛，秦汉时代的古人曾经苦求而不获。但是海中的珊瑚树却恰恰能表现出这种梦想世界中植物的生动形象，给人以无限的遐想甚至崇拜。

在儒家的语境中，珊瑚是等级的象征，代表高贵与权势。特别是到了清朝，帝王官僚嫔妃服饰上的珊瑚依照等级有着不同的佩戴。此外，珊瑚在祭祀中也扮演着重要角色，帝王必须按规定佩戴珊瑚朝珠。

清代皇后穿朝服时，要身挂三盘朝珠，中挂东珠朝珠，两侧为珊瑚朝珠；穿吉服时则挂一盘，珠宝杂饰随意。而皇贵妃、贵妃、妃等人身穿朝服时，中间佩戴一盘蜜蜡或琥珀朝珠，左右斜挎肩挂两盘红珊瑚朝珠；嫔以下乃至贝勒夫人、辅国公夫人、乡君等人，身穿朝服中间佩戴一盘珊瑚朝珠，另两盘为蜜蜡或琥珀朝珠；民公夫人、五品命妇身穿朝服时所挂的三盘朝珠，则在青金石、绿松石、蜜蜡、琥珀、珊瑚中随心选用，无严格定制。而顶珠是区别官职的重要标志。按照清朝礼仪：一品官员顶珠用红宝石，二品用珊瑚，三品用蓝宝石，四品用青金石，五品用水晶，六品用砗磲，七品用素金，八品用阴文镂花金，九品阳文镂花金。顶无珠者，即无品级。

在佛教的发源地——印度，宝石被分为人之宝石和神之宝石。人之宝石是用作人的装饰，而神之宝石则仅为神所专用，其中红珊瑚就是神之宝石。印度的释迦牟尼佛寺中的宝塔就是用含红珊瑚在内的7种宝物装饰而成的，红珊瑚也因此成为了佛教七宝之一，被认为是信徒进献给神的最贵重物品。西汉哀帝元寿元年（公元前2年），佛教由古代丝绸之路传入中国西藏，形成了藏传佛教。藏传佛教认为红珊瑚是如来佛的化身，是象征着神的珍贵宝石品种。其教徒常用红珊瑚做成神像、佛珠等来装饰寺庙和作为布道的法器。

早在佛教传入以前，苯教是西藏地区最流行的原始宗教。太阳神是藏族苯教最大的神灵之一，苯教以"卍"代表太阳，信徒们常用红珊瑚做成"卍"并将其运用于妇女服饰上。例如藏北有一种由白色小海螺串联而成的头饰叫作"滚多"，在这种头饰上面就有用红珊瑚穿成的"卍"，以此来表示吉祥之意。

除此以外，珊瑚还作为药物使用。历代本草如《唐本草》《本草拾遗》《本草纲目》和《海药本草》等著作均有记载，且对珊瑚的药效称赞有加：性味甘、平，无毒，能去翳明目，安神镇静，主治目生翳障、惊痫、吐衄等。1970年，考古工作者在西安南郊出土了据信为唐朝郇王李守礼后人的遗物，其中许多与养生有关的金石药品多属于舶来品，其中便有珊瑚。和西方一样，珊瑚在中国也被认为可以示灾祥：《广东新语》珊瑚条有载："（珊瑚珠）戴腕上，或以为簪。其人有福泽，则益红润。"

珊瑚饰品

台湾浊水溪三角洲

冲积岛

冲积岛是大陆岛的一个特殊类型，由于它的组成物质主要是泥沙，故也称沙岛。冲积岛是陆地的河流夹带泥沙搬运到海里，沉积下来形成的海上陆地。陆地的河流流速比较急，带着上游冲刷下来的泥沙流到宽阔的海洋后，流速就慢了下来，泥沙就沉积在河口附近，积年累月，越积越多，逐步形成高出水面的陆地，这就叫冲积岛。

世界上许多大河入海的地方，都会形成一些冲积岛。我国共有400多个冲积岛，长江入海口的崇明岛就是一个很大的冲积岛，是我国的第一大冲积岛。我国第二大冲积岛是湖北枝江市长江中游的百里洲。冲积岛的地质构造与河口两岸的冲积平原相同。其地势低平，在岛屿四周围绕着广阔的滩涂。

冲积岛的成因不尽相同。我国长江口的沙岛是由于涨落潮流不一所致，形成暖流区，是泥沙不断成积而形成的。珠江口沙岛成因不一，有的是由河心滩发育而成；有的是由于河流中油岩岛阻挡产生河汊，在河汊流速较慢的一侧泥沙沉积而成沙垣，再发育成沙岛；有的由河口沙嘴发育而成，最典型的是台湾岛浊水溪三角洲外的一系列沙岛；还有一种是由波

DAO YU DE GU SHI

浪侵蚀沙泥海岸，从海岸分离出小块陆地，也成了沙岛，这种沙岛较为少见。

冲积岛由泥沙组成，结构松散，因而很不稳定，往往会因周围水流条件的变更，岛的面积会涨大或缩小，形态也会变化。河口地区的冲积岛，每逢遇到强潮倒灌或洪水倾泻，强烈的冲蚀会使岛四周形态发生改变。一般情况下，在冲积岛屿河流和潮流平行的两边，总是一边经受侵蚀，一边逐渐淤积，久而久之，便形成长条形岛屿；有的冲积岛会被冲蚀消失，有的岛屿则会不断发育成长，最后与大陆连成一体。

冲积岛上，地貌形态简单，地势平坦，海拔只有几米，有些有绿荫覆盖，有些则是满目黄沙。在土壤化较好的冲积岛上，种植着护岛固沙的林木、绿草和庄稼。河口区的沙岛，水网密布，一派江南水乡的田园风光。

在我国河口冲积岛中最有代表性的就是崇明岛了。它三面环江，东临东海，伏卧在长江口江面上，东西向长76千米，南北向西宽东窄，宽度在13—18千米，面积为1083平方千米，是我国的第三大岛，也是世界著名的河口冲积岛，被誉为长江口的一颗珠。

崇明岛从形成至今已有1300多年的历史了，唐代涨露出水面，五代设镇，宋代设场，元代建州，明清以来设县，1958年12月划归上海市。由于长江大量泥沙淤积，崇明岛的土地东、西两端淤涨很快，以每年143米的速度向东海延伸。岛上良田沃土，河流纵横，成为重要的农业生产基地。

崇明岛在发育过程中经历了多次变化。唐朝初年（618年），长江口位于现在的扬州、镇江一带，江面上出现了东沙和西沙两个沙洲，面积不过几十平方千米。随着移居岛上人口的陆续增多，到了10世纪的五代时期，开始在西沙上设崇明镇，这就是崇明的由来。由于长江主流南北移动和潮汐波浪的影响，岛陆屡有坍塌。随着长江口的东移，崇明岛不断沿江下迁。11世纪时，西沙西北又出现了一个新沙，叫姚刘沙，东北也出现了三沙，西沙和东沙则坍没被江水冲走。由于长江主水道不断摆荡，三沙在经历发展扩大后又南坍北涨，向北迁移日渐缩小；同时在它的东面，先后出现了平洋沙和长沙。1583年，县城又迁至长沙，也就是现在崇明城的前身。400多年来，崇明岛经历了多次沧桑之变和迁移。仅1583年以前，崇明县城就搬迁了5次。直到现代，崇明岛也是不稳定的，长江口北支水道逐渐变窄变浅，也许将来崇明岛会与苏北平原连在一起。

在崇明岛的东南面，还有长兴岛和横沙岛两个沙岛，这两个岛形成的时间更短。100多年前，它们还是几片分散的河口沼泽，到现在两岛面积已约70平方千米。将来一旦崇明岛与苏北大地合为一体，今日的长兴和横沙二岛就要变成新的崇明岛了。

崇明岛的景色是冲积岛风光最秀丽的代表。崇明岛上土地肥沃，水网密布，田绿林青，招来大批候鸟在此群栖，因此，崇明岛被国家列为候鸟重点保护区。一望无际的原野，绿油油的庄稼，小船在水网间南来北往、东游西迁，一派江南水乡风貌。

崇明岛东滩湿地

崇明岛风光

"崇明"的来历

　　"崇明岛"的来历，源于一个传说。东晋末年，孙恩农民起义失败后，起义军的几排竹筏飘浮到了靠近东海的长江口，在江边的泥沙中搁浅。这些竹筏拦住了滚滚长江带来的泥沙，逐渐形成了一个沙嘴。这片沙嘴尚没完全露出江面，随着江水海潮的涨落，时隐时现，给人一种神秘之感。人们说它既像怪物、又似神仙，既"鬼鬼祟祟"又"明明显显"，于是便给它起了名字叫"祟明"。

　　后来这片沙嘴泥沙越积越多，变得又高又大，完全露出了水面，形成一个小岛，再也不受潮涨潮落的影响了。人们见其气势壮观，已不再将其视为怪异，并产生了一种崇敬之情。于是人们便把"祟明"改称为"崇明"了。

人工岛 ＞

人工岛是人工建造而非自然形成的岛屿，一般在小岛和暗礁基础上建造，是填海造田的一种。人工岛的大小不一，由扩大现存的小岛、建筑物或暗礁，或合并数个自然小岛建造而成；有的是独立填海而成的小岛，用来支撑建筑物或构造体的单一柱状物，从而支撑其整体。

早期的人工岛是浮动结构，建于止水，或以木制、巨石等在浅水建造。现在的人工岛大多填海而成，然而，一些是通过运河的建造分割出来的（如德国迪特马尔申县），或者因为流域泛滥，小丘顶部被水分隔，形成人工岛（如巴拿马巴洛科罗拉多岛）。此外，一些甚至会以石油平台的方式建造（如西兰公国和玫瑰岛

共和国）。

除了人所共知的现代印象外，人工岛在世界各地也存在已久。其历史可追溯至史前时期的苏格兰和爱尔兰的古凯尔特人的湖上住所、密克罗尼西亚南马都尔的庆典中心，以及南美洲的的喀喀湖尚存的浮岛。墨西哥城的阿兹特克人遗址特诺奇提特兰，在西班牙人抵达时是25万人的根据地，坐落在特斯科科湖中的自然小岛。

很多人工岛都在市内的港口上建造，以提供和城市不相连的等殊地皮，或出让予房地产。否则，人工岛是难以在稠密的大城市容身的。日本江户时代的出岛是前者的例子。该岛建于长崎一个海湾，是欧洲零售商的中心。锁国政策时期，荷兰人可以逗留日本，在出岛进行有限度的贸易，而日本人除了公事以外则不能进入出

岛。同样地，爱丽丝岛位于美国纽约市旁边的上纽约湾，前身是一个小岛，主要填海而成，是19世纪末至20世纪初的美国移民隔离中心，用来阻隔被拒入境的患病或有知觉缺陷者逃到市区，并借此遏止非法移民。加拿大蒙特利尔的圣母岛，为1967年加拿大世界博览会而建，是最著名的人工岛之一。

威尼斯人群岛位于美国佛罗里达州迈阿密滩比斯坎湾。20世纪20年代地产蓬勃时期，随着涨价效应，该岛的房地产越建越多。

中国明代嘉靖年间(1522—1566)已有建造人工岛的文字记载。江苏北部滨海淤积平原上，散布着很多高数米至十多米的土墩台残丘。这些数以百计的墩台过去是为渔业、盐业和军事的需要，在潮间带的海滩上修建的，涨潮时耸立于海涛之中。随着海岸线东移，并入陆地的

大部分土墩台被削平，少数至今仍保存良好。土墩台按其作用不同分为渔墩、潮墩和烟墩等。渔墩是渔民在海上捕捞或养殖时作为候潮、贮存淡水与食物、整理渔具、躲避暴风雨的临时活动场所。一般修建在靠近低潮位的滩地上，用滩土和贝壳堆成，台上筑有可以居住的棚舍。海岸线外移过程中，渔墩便成为沿海第一批新定居点。潮墩为盐民作业时，躲避大潮或风暴以保障生命安全的墩台。墩高一般约10米，墩顶超出秋汛大潮和风暴潮的高潮位；墩顶直径有17—18米，底部直径约30米；周围栽榆、柳等树木加固墩土并抵御风浪袭击。烟墩又称烽火墩，是保卫海防的一种军事设施。在沿海低潮位以外的滩地上，用人工堆成土墩，高15—20米，每墩有2—5名士兵看守，遇有紧急情况燃烽火报警。

38

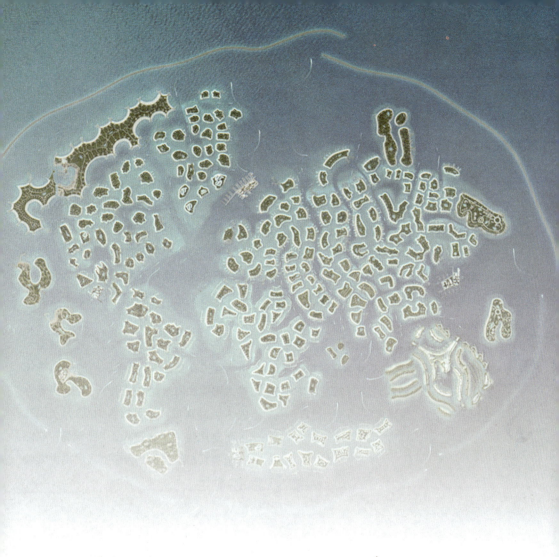

垃圾堆砌海上乌托邦 ＞

据英国媒体报道，一组荷兰科学家2010年提出了一个将海洋垃圾"变废为宝"的宏伟计划：他们计划从太平洋中收集4400万千克漂浮的塑料瓶和其他塑料垃圾，然后用它们建造一个面积大如夏威夷的"人工岛"。这座由塑料垃圾建成的人工岛将依靠太阳能和海浪能提供能源，它上面将建有城市、海滩和"农场"，足可供50万人在这座漂浮的人工岛上安居乐业，过上自给自足的生活。

· 4400万千克海洋垃圾造岛

海洋上漂浮的废旧塑料垃圾一直是令科学家和环保主义者们深感头疼的问题。

太平洋是受塑料垃圾污染最严重的海域，它拥有世界上最大数量的塑料垃圾。洋流使这些塑料垃圾聚集在一起，在海洋上形成一个个巨型"垃圾堆"，这些塑料垃圾将会对海洋生物带来致命的影响。

为了还世界一个干净的海洋，荷兰WHIM 建筑学公司的一组科学家 2010 年前提出了一个将海洋垃圾"变废为宝"的宏伟计划：他们提议从北太平洋中收集起4400 万千克的塑料垃圾，然后用它们建造出一个人工"漂浮岛"。

· 大如夏威夷可容50万人

根据荷兰科学家的设计蓝图，第一步，他们希望先将北太平洋环流系统里可见的塑料垃圾全都收集起来，等收集到重达4400 万千克的塑料垃圾后，科学家就会展开第二步计划，将这些塑料废品经过再循环做成一个个中空的"浮动平台"，然后用它们在美国夏威夷和旧金山市之间的太平洋海域建造一个面积 1 万平方千米的人工岛屿。

岛上不仅将建现代城市，还将建有一个大型"农业区"，整座岛屿的能源将依靠太阳能和海浪能来提供。一旦这座漂浮的人工岛建成，将可以容纳 50 万居民在上面定居生活。这座人工"漂浮岛"将能完全实现自给自足，为岛上居民提供食物和工作。

• 首批居民将是"气候难民"

　　根据荷兰科学家的设计蓝图，这座人工岛的风景将会和意大利水城威尼斯非常相似，而该岛接收的首批居民将可能是那些"气候难民"。

　　海上人工"漂浮岛"计划的一名发言人对记者说："我们提出这一提案主要有三个目的：第一是清理我们海洋上规模庞大的塑料垃圾；第二是创建出一块新陆地；第三是建立一个可供人类生活和居住的环境。这一计划不但可以通过海洋垃圾创造出一个新的人类浮动栖息地，并且与此同时，我们也能把海洋中的塑料垃圾清理掉，让海洋变得更加干净。"

● 世界十大岛屿

世界第一大岛屿——格陵兰岛 >

格陵兰岛是世界上最大岛，面积217.56万平方千米，在北美洲东北，北冰洋和大西洋之间。从北部的皮里地到南端的法韦尔角相距2574千米，最宽处约有1290千米。丹麦属地。首府努克，又名戈特霍布。

格陵兰南北长约2670千米，东西最宽处逾1050千米。大部分地区在北极圈内，最北端距北极不到800千米。格陵兰北距加拿大的埃尔斯米尔岛仅26千米。最近的欧洲国家是冰岛，位于格陵兰东南方，隔320千米宽的丹麦海峡与格陵兰相望。格陵兰的海岸线非常曲折，长达39330千米，大约相当于地球赤道一周的长度。

该岛以水下不到180米的海脊与北美大陆实地相连。地质结构为加拿大地盾的延伸。该地盾是加拿大北部地势崎岖的高原，由坚硬的前寒武纪岩石构成。格陵兰最显著的地貌特征是它广大厚实的冰原，其规模之大仅次于南极洲，平均厚度1500米，最厚处约3000米，面积181.3万平方千米，几乎占格陵兰全部面积的85%。光秃的冰原上风雪肆虐，层层积雪挤压成冰，不断向外缘冰川移动。雅各布港冰川常常一天移动30米，为世界上移动最快的冰川之一。无冰地分布在沿海地区，大部分是高原。山脉与岛的东西两岸平行，东南的贡比约恩斯山高3700米。尽管有这些高原，大部分格陵兰冰原的岩底实际上相当或略低于海平面。

　　长而深的峡湾伸入格陵兰东西两岸腹地，形成复杂的海湾系统；人烟虽然稀少，景色却极为壮观。在沿海岸的许多地方，冰体径直向海面移动；冰川断裂，滑入水中形成大块冰山。

　　格陵兰在它的官方语言丹麦语的字面意思为"绿色的土地"。这块千里冰冻、银装素裹的陆地为何享有这般春意盎然的芳名呢？

　　关于格陵兰岛名字的来历有这样一个故事。相传古代，大约是公元982年，有一个挪威海盗划着小船，从冰岛出发，打算远渡重洋。朋友都认为他胆子太大了，都为他的安全捏一把汗。后来他在格陵兰岛的南部发现了一块不到1000米的水草地，绿油油的，十分喜爱。回到家乡以后，他骄傲地对朋友们说："我不但平安地回来了，我还发现了一块绿色的大陆！"于是格陵兰变成了它永久的称呼。格陵兰岛以217.56万平方千米的面积堪称世界第一大岛，全岛大部分地区在北极圈内，格陵兰属阴冷的极地气候，仅西南部受湾流影响气温略微提高。该岛冰冷的内地上空有格陵兰岛的积云旋涡。

　　格陵兰岛全年的气温在0℃以下，

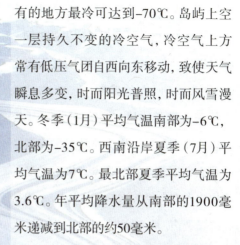

有的地方最冷可达到-70℃。岛屿上空一层持久不变的冷空气，冷空气上方常有低压气团自西向东移动，致使天气瞬息多变，时而阳光普照，时而风雪漫天。冬季（1月）平均气温南部为-6℃，北部为-35℃。西南沿岸夏季（7月）平均气温为7℃。最北部夏季平均气温为3.6℃。年平均降水量从南部的1900毫米递减到北部的约50毫米。

格陵兰岛气候严寒，冰雪茫茫，中部地区的最冷月平均温度为-47℃，绝对最低温度达到-70℃，是地球上仅次于南极洲的第二个"寒极"。根据科学工作者的测量，全岛冰的总容积达2600万亿立方米，假如这些冰全部融化的话，地球的所有海面就会升高6.5米。格陵兰岛全靠厚厚的冰层才使它能高高地突起于海平面上。如果把冰层去掉，格陵兰岛就不会有现在那样高耸的气派，而只能像一只椭圆形的盘子，固定在海面上罢了。

因为终年只有雪，没有雨，除西南

45

沿海等少数地区无永冻层，有少量树木与绿地之外，格陵兰岛尽是冰雪的王国。站在格陵兰岛上吟诵"千里冰封，万里雪飘"可以找到十足的感觉。全岛85%的地面覆盖着道道冰川与厚重的冰山。千姿百态的冰山与冰川成为格陵兰的奇景，对着它们展开丰富的联想。格陵兰岛的冰块内含有大量气泡，放入水中，发出持续的爆裂声，是一种非常好的冷饮剂。人们将其称为"万年冰"。这种冰既洁净，纯度又高，在炎热的夏日喝上一口"万年冰"是种难得的享受。格陵兰盛产"万年冰"，冰层平均厚度为2300米，仅次于南极洲的现代巨大的大陆冰川。

其实，这个岛并不像它的名字那样

充满着春意。格陵兰在地理纬度上属于高纬度，它最北端莫里斯·杰塞普角位于83° 39'N，而最南端的法韦尔角则位于59° 46'N，南北长度约为2600千米，相当于欧洲大陆北端至中欧的距离。最东端的东北角位于11° 39'W，而西端亚历山大角则位于73° 08'W。那里气候严寒，冰雪茫茫，中部地区的最冷月平均温度为-47℃，绝对最低温度达到-70℃。

格陵兰岛无冰地区的面积为34.17万平方千米，但其中北海岸和东海岸的大部分地区，几乎是人迹罕至的严寒荒原。有人居住的区域约为15万平方千米，主要分布在西海岸南部地区。该岛南北纵深辽阔，地区间气候存在重大差异，位于北极圈内的格陵兰岛出现极地特有的极昼和极夜现象。

居民主要分布在西部和西南部，因纽特人占多数。西海岸有世界最大的峡

湾，切入内陆322千米。包括其首府戈特霍布在内的大部分居民点都分布于此，首府约有1.2万人。公元前3000年因纽特人首先到达这里。1894年丹麦首建殖民点于岛的东南岸，1921年丹麦宣布独占，但是在1979年丹麦政府允许格陵兰人自治，并通过了《格陵兰自治条例》。

格陵兰岛是一个由高耸的山脉、庞大的蓝绿色冰山、壮丽的峡湾和贫瘠裸露的岩石组成的地区。从空中看，它像一片辽阔空旷的荒野，那里参差不齐的黑色山峰偶尔穿透白色炫目并无限延伸的冰原。但从地面看去，格陵兰岛是一个差异很大的岛屿：夏天，海岸附近的草甸盛开紫色的虎耳草和黄色的罂粟花，还有灌木状的山地木岑和桦树。但是，格陵兰岛中部仍然被封闭在巨大冰盖上，在几百千米内既不能找到一块草地，也找不到一朵小花。格陵兰岛是一个无比美丽并存在巨大地理差异的岛屿。东部海岸多年来堵满了难以逾越的冰块，因为那里的自然条件极为恶劣，交通也很困难，所以人迹罕至。这就使这一辽阔的区域成为北极的一些濒危植物、鸟类和兽类的天然避难所。矿产以冰晶石最负盛名。水产丰富，有鲸、海豹等。

• 世界第一大岛的形成

　　据国外媒体报道，科学家们研究发现格陵兰岛形成于 38 亿年前，其前身是海底大陆，由于大陆板块碰撞而形成，这一发现使得格陵兰岛一下子成为了世界上最古老的岛屿。

　　科学家们表示，这一研究发现表明地球大陆的板块运动比我们想象得还要早许多，他们是对在格陵兰岛发现了一些远古的岩石化石进行分析研究后得出这一结论的。他们表示，这些远古的岩石化石隐藏在格陵兰岛的

地下，它们的排列就像是一个整齐的堤坝。通过对这些岩石的分析研究，科学家们证实格陵兰岛的来历比人们想象的要复杂得多，它可能是地壳板块运动的结果，而形成的过程却是相当漫长而且复杂的。

　　科学家们称，在格陵兰岛发现的这些远古岩石化石只有在大陆板块的运动中由于碰撞才能生产，这就是科学家们所说的蛇纹石。蛇纹石是两个大陆板块在运动中相互碰撞时挤压海

底大陆而形成的一种岩石，从这一点可以断定格陵兰岛在远古的时候可能就是一块海底大陆。

负责这项研究工作的哈里德·弗恩斯教授称，"在格陵兰岛发现的蛇绿石是我们重新审视这块岛屿的一个突破口。在格陵兰岛东南部发现的这些蛇绿石化石是地球上最古老的蛇绿石，可以这样说，格陵兰岛是地球上由于地壳运动碰撞而形成的第一个原来是海底大陆的岛屿。根据这些化石的老化及风化程度，我们初步判断它们形成于 38 亿年前。"

这项研究成果被发表在了《科学》杂志上，文章称这项研究成果将对地球的进化史以及地球生命形成的历史产生重大影响。此前，绝大部分专家都认为生命产生于地球上温暖的地方，因为这种地方有助于有机体吸取外界的营养，而且环境也有助于有机体的繁衍。

根据地球筑造论演说，地球的表面大陆就好像是一块七巧板，是由许多的小块拼起来的，而且这些板块时刻都在运动当中，只不过运动的速度很慢，感觉不到而已。由于大陆板块的运动，导致了许多板块结合部经常会发生强烈的火山或者是地震现象。从另一个角度来说，正是由于大陆板块的运动才创造出了许多新的大陆。也有科学家们表示，在板块运动发生之前，地球上只是一片汪洋大海。

到底地壳板块运动是从何时开始的

这个问题一直是科学家们争论的焦点，因为地球表面必须要足够冷才有条件形成固体的陆地。大部分科学家都同意这一事件开始较晚的观点，因为目前世界上出土最早的蛇绿石形成于 25 亿年前。

来自纽约雪城大学的结构地质学家詹尼弗·卡尔森称，"目前学术界对于地壳板块运动何时开始这个问题还有许多争论。在格陵兰岛的这一发现给地壳版块运动在早期发生的观点提供了新的证据。但它同时指出，格陵兰岛的发现只能说明海底的板块运动很早以前就开始了，并不能说明其他方式的板块运动也开始得很早，它是研究早期地球构造的一个非常好的素材。"

随着对格陵兰岛出土蛇绿石研究的深入，科学家们逐渐把目光转向了远古时代地壳板块运动的生命繁荣的影响。弗恩斯教授称，"我们可能从格陵兰岛蛇绿石上的化学成分中分析出远古时代生命形式的部分信息。此前也有地球学家认为地球上的生命正是由于地壳板块的运动而繁衍起来的。"卡尔森也表示，远古时代的海底山脊是早期有机体生活的温床，那时来自外界的各种环境变化的影响也只能涉及海洋的表面，而对于海底世界却是鞭长莫及。

蛇绿石

• 冰雪造就的奇幻世界

在全球海洋千千万万岛屿中，面积达217.56万平方千米的格陵兰岛绝对排名第一，以面积大小而论，它比排名第二的新几内亚岛、排名第三的加里曼丹岛、排名第四的马达加斯加岛的总和还要多54559平方千米。因此，格陵兰岛当之无愧为"环球诸岛大哥大"。

格陵兰岛出现极地特有的极昼和极夜现象。越接近高纬度，一年中的极昼和极夜就越长。每到冬季，便有持续数个月的极夜，格陵兰上空偶尔会出现色彩绚丽的北极光，它时而如五彩缤纷的焰火喷射天空，时而如手执彩绸的仙女翩翩起舞，给格陵兰的夜空带来一派生气。而在夏季，则终日头顶艳阳，格陵兰成为日不落岛。

从北部的皮里地到南端的法韦尔角相距2574千米，最宽处约有1290千米。该岛给人印象最深的特征是它那巨大的冰盖，有些地方冰的厚度达1万米，冰盖占

整个岛屿面积的82%。冰盖产生了巨大的冰川：雅各布港冰川每天将几百万吨的冰排入海中，移动速度约每小时1米。这就形成了众多的冰山，1912年泰坦尼克号巨轮冰海沉船就因为撞上了一座冰山。1888年前，无人成功穿越冰原，这一年伟大的挪威探险家费里特乔夫·南森利用雪橇作冰上旅行，穿越了格陵兰岛冰原。

格陵兰岛有着十分丰富的自然资源，陆上和近海，石油和天然气储量也相当可观，仅格陵兰岛的东北部就蕴藏着310亿桶的石油储备，这几乎是丹麦所属的北海地区储油量的80倍。格陵兰的铅、锌和冰晶石等矿藏具有经济价值。20世纪70年代勘探出的铀、铜和钼矿前景看好，1989年又发现了特大型金矿，但气候和生态方面的顾虑严重地限制了矿产资源的开采。

• 正在融化的格陵兰

据英国《卫报》、BBC 等多家外媒报道，美国宇航局专家在官方网站发布声明承认：美国宇航局的卫星照片显示，在 2012 年 7 月 8 日到 12 日短短的 4 天之内，整个格陵兰岛冰盖表层居然有 97% 已经融化，这样惊人的融化速度大大超出此前历史上所有的记录。此后更有长期研究格陵兰岛的冰川学家指出这 "疯狂冰融" 之后的另一惊人事实：就在冰盖融化之时，世界上最北端的冰川——彼得曼冰川碎裂掉落了一角，而这一碎片差不多跟美国纽约市中心曼哈顿区一样大。

• 科学家多方求证 "疯狂融冰" 现实

格陵兰岛位于北美洲东北，是丹麦的属地，这座世界上最大的岛屿处在北冰洋和大西洋之间，由于其地理位置纬度较高靠近北极一侧，因此常年会有冰雪覆盖。当进入夏季之后，格陵兰岛上大概会有一半的冰雪在漫长夏季中被融化成水，但如上述报道的短短几天之内就造成表层冰雪几乎全部融化的后果，使得美国宇航局的科学家第一时间对卫星数据产生了怀疑。

报道介绍说，这惊人一幕首先是美国宇航局喷气推进实验室的科学家发现的，但基于常识和历史性的判断，

科学家对此数据提出质疑并认为这是卫星数据一个错误。然而随后，同属美国宇航局的空间飞行中心证实，格陵兰岛确实在 7 月中旬出现了一段异常高温。随后，又有其他不同的大学研究机构从侧面证实了这一卫星数据确实是已经发生了的现实。

• 冰融后果未知 已有冰川碎裂入海

30 多年来，美国航空航天局科学家杰·齐瓦利每年都要对格陵兰冰盖进行实地考察。他坦言，通常在夏季时，格陵兰冰盖确实会融化掉一半左右，这一过程虽然正在不断加速，但也不应该是以这样如此惊人的速度。

齐瓦利表示，海拔较高地区的冰雪也在短短几天之内就融化虽然令他感觉惊讶，但这尚属可以理解的范围之内。可是不久，他又发现了第二个不寻常的事件：在这几天之内，世界最北端的彼得曼冰川已经有一角因为冰层迅速融化而断裂沉入海中，其碎片居然和曼哈顿城区差不多一样大小。他总结说，如此惊人的现实在格陵兰岛发生，其对地区乃至全球气候的影响还是未知数，但是可以肯定"疯狂解冻"会影响深远。

目前科学界认为，冰山融化带来的最直接后果是海平面上升，逐渐融化的格陵兰冰盖正带动全球海洋水位每年平均上涨 3 毫米左右。对此，科学家们表示，如果未来几年还会有这样的迅速融化事件发生，那真的不敢想象接下来会发生什么事情。虽然格陵兰岛中心的坚冰仍厚达 3000 多米，但现在整个冰盖的边缘正在不断融入海洋，它们正在变得越来越薄。

新几内亚岛 >

新几内亚岛是太平洋第一大岛屿和世界第二大岛（仅次于格陵兰），又称伊里安岛，马来群岛东部岛屿，位于太平洋西部，澳大利亚北部。位于西太平洋的赤道南侧，西与亚洲东南部的马来群岛毗邻，南隔阿拉弗拉海和珊瑚海与澳大利亚大陆东北部相望。在东经141°以东及新不列颠、新爱尔兰等岛屿为独立国家巴布亚新几内亚；141°以西及沿海岛屿为印度尼西亚的一省，称伊里安查亚。全岛两部分接触极少，两国于1979年签订

的边境条约禁止人们到边境地区居住。

全岛面积约80万平方千米。新几内亚行政上分为两部分：西半部为印度尼西亚一省，称巴布亚，旧称伊里安巴拉；东半部是巴布亚新几内亚的主要部分，巴布亚新几内亚于1975年成为议会制的独立国家。长（自西北至东南）约2400千米，最宽处（自北至南）约650千米。

全岛略呈西北—东南走向。东西长约2400千米，中部最宽处640千米。面积约78.6万平方千米，连同沿海属岛在内

共81.8万平方千米。全岛多山。中部群山盘结，自西北伸向东南，形成连绵延续的中央山脉。大部分山地、高原，海拔都在4000米以上，是世界上海拔最高的岛。汇集西部的高耸山脉，总称为雪山山脉，其中最高峰为查亚峰（旧称卡斯滕士峰），海拔5030米，为大洋洲最高点。东段为马勒山脉，山势向东逐渐降低，而后再向东南延伸，形成巴布亚半岛的欧文·斯坦利岭。全岛不少山峰都是死火山锥。部分山区近期还发生火山喷发，并有频繁的地震。这些东西向的高大山岭，到处悬崖峭壁，道路崎岖，成为全岛南北交通的巨大障碍。在中部山脊的南北两侧，有宽窄不一的沿海平原，其中尤以南部的里古—弗莱平原为最大，有广阔低平的沿海沼泽和红树林。海岸曲折，多港湾。沿海有许多由于火山作用或珊瑚礁形成的岛屿。较大的河流都发源于中部山区，分由南北坡地流注海洋。主要河流在北部有曼伯拉莫河、塞皮克河、拉穆河、马克姆河，在南部有迪古尔河和弗莱河。这些河流上游坡陡流急，挟大量泥沙，在中下游两岸形成大小不等的冲积平原。

新几内亚岛属新生代构造区,地壳很不稳定。全岛地形呈横向排列,由北而南分为四带:

北部山脉(也称海岸山脉)直逼海岸,十分陡峭,是一断层山,海拔高度大都在600米左右,东南端有高于4000米的山峰。因受河流剧烈切割,山脉已不连续。

北部山间低地位于北部山脉和中央山脉之间，包括塞皮克河、曼伯拉莫河等宽阔河谷，这里多河曲、湖泊和沼泽。

　　中央山脉从西北向东南斜贯全境，山地大部分在海拔4000米以上，属新期褶皱山地。西段山脉海拔高度大，山顶终年积雪，所以称雪山山脉，最高的查亚峰，海拔5030米，是大洋洲的最高点。东段叫马勒山脉，其东端延伸入海，突出海面的山峰形成路易西亚德群岛。本区地壳不稳定，有不少火山锥。

　　南部平原是由弗莱河、里古河等大小河流冲积而成的三角洲平原，本区正在缓慢下沉，地势低平，沼泽广布，是世界最大沼泽地带之一。

　　新几内亚的气候基本上属热带型，低地年平均最高气温为30℃—32℃，高原白天气温全年一般在22℃以上。每年约有7个月吹东南信风，中部高原南坡年降雨量经常超过7620毫米。因此，弗莱—迪古尔陆棚和邻近高原成为全球最潮湿地区之一，也是人口最稀少的地区之一。中部高原全年降雨量在2540—4065毫米之间。东南部海岸的摩尔斯贝港每年的降雨量约为1016毫米。

　　新几内亚岛位于赤道和12°S之间，属赤道多雨气候。低地全年气温都很高，年较差很小，例如东北部的莱城，2月均温为27.5℃，7月均温为24.8℃，年较差还不及3℃气温随海拔增高而降低。高地凉快得多，海拔2000米的地方，有一个月的均温在20℃以下，4000米高处有几个月的均温在0℃以下，4400米处就是雪线了。

　　新几内亚岛大部地区降水丰沛，年平均降水量在2500毫米以上。11—4月，全岛盛行西北季风，普遍降雨，以北部较多，年降水量达4000毫米以上，如莱城年降水量4538毫米。向风的山坡年降水量超过6000毫米。5—10月盛行东南季风，为南部的主要雨季，但情况较复杂，因各地地理条件的差异，雨量和雨季有许多局部的变化。例如，莫尔兹比港年降水量为950毫米，6—10月东南季风盛行时，天气干燥，各月降水量都少于40毫米，为明显的干季，12月到翌年3月为明显的雨季。当两种季风都不占优势的季节更替时期，有几个星期是无风静止的天气，空气中饱含水汽，天气闷热，常下阵雨。本岛还处于飓风带内，1—4月常受飓风袭击。

　　气候高温多雨。因受季风影响，1—4

月西北风盛行，5—8月在东南信风控制之下。在沿海低平地区，全年各月平均气温变化不大，但在高山地区仍有冰川积雪。年降水量南部沿海为1000—2000毫米，北部沿海则为2500—3000毫米，而在中部山区可达3000—4000毫米。土壤受高温多雨影响，易于冲刷流失，淋溶作用旺盛，肥力较低。只有较厚沉积土的山间盆地以及有肥沃的火山土地区才适宜于农业发展。随着气候的区域差异和高度变化的影响，植被的垂直分布十分明显：海拔在1000米以下的沿海低平地区以热带雨林为主，植物种类繁多，森林茂密，四季常青，其中攀缘植物特别茂盛。在3500米以上的高山地区生长有蕨类、高山草甸乃至苔藓地衣之类的寒温带植

岛内植物

新几内亚凤仙花

物。4400米以上为永久积雪带。野生动物也随着气候和植物分布的地区差异，有各种不同的种类。

据考古推测，该岛在5万年前即有人居住。9000年前即有定居农业。16世纪上半叶即有欧洲人到达，18世纪末开始殖民。荷兰人先占领西部，后英、德相继入侵。第一次世界大战后，澳大利亚于1921年接管，第二次世界大战后，澳大利亚将两地合并（1945年）。1973年获得自治，1975年完全独立。原荷属的新几内亚于1963年交由印度尼西亚管辖，1969年成为伊里安查亚省。全岛居民约413万。种族复杂，一般身材比较矮小，主要属美拉尼西亚人和巴布亚人。各地区间人口密度悬殊很大。东部人口比西部稠密，沿海又较内地山区稠密。除沿海有若干中小港口城市外，在东部山区有不少新兴的中小城镇。高山区和沿海沼泽地区人口极稀少。东部居民讲美拉尼西亚语或皮钦语，西部居民通用马来语。各地区语言差异很大。少数沿海城镇居民信奉基督教和伊斯兰教，广大内地仍广泛保持原始社会的习俗和笃信神巫术。家族观念根深蒂固，生活水平低下。

本岛的欧洲殖民历史始于1828年，当时荷兰人占领了本岛的西半部，并相继于

61

1895年设立贸易站，于1910年建立省城霍兰迪亚。1883年，法国占领了本岛的东南部，改名为新爱尔兰，但很快又被昆士兰自治殖民领占领。英国在1884年反对昆士兰占据新爱尔兰，并把当地变成由英国直接管辖。余下本岛的东北部亦于同年被德国占领，并宣称为其保护地。

1906年，英国把新爱尔兰的管治权交给澳大利亚。第一次世界大战期间，

原住民艳丽的装饰

澳大利亚强行夺取德国在新几内亚的属地，并于1920年得到国际联盟的承认。

1942年，日本军队南下至本岛，同时进侵荷属新几内亚及东部澳大利亚的领土，使本岛东部和北部的高地成为了第二次世界大战中西南太平洋的主战场。

二战结束后，新几内亚西部于1959年举行选举，成立巴布亚议会，并筹备于1961年4月5日独立。当时议会已决定了新成立的国家的国号为西巴布亚、订立了新的国徽、国歌，以及以晨星为图案的新国旗。新国旗于1961年12月1日升起，并与荷兰国旗并排。1961年12月18日，印尼入侵西巴布亚，结束了它短暂的独立时期。1975年，澳大利亚正式给予新几内亚东部全面独立的地位，成立了巴布亚新几内亚国。

63

> **血腥世界**

伊里安岛属于印度尼西亚领土的阿斯马特地区，居住着被称为猎取人头的新几内亚岛部落，大概有居民 2 万人。猎取人头的战争残酷得难以想象，令人直接想到的只有两个字"血腥"。男人和女人共同进行准备工作。先将独木舟涂上赭石与石灰，再弄好胜利时用于庆祝的各种食品。到了这个时候，女人也变得惨无人道，鼓励男人勇敢作战，尽可能地多杀几个人，等到一切准备就绪，男人们就趁着夜色的掩护，乘着小独木舟潜入对方的村落，不分男女老幼，杀得越多越好。杀人的手段干净利落，被杀的反抗无效后也不求饶，因为双方都明白阿斯马特人没有仁慈可言。处于石器时代的他们没有现代化的武器，但一种叫作竹刀的刀割下人头也并不比我们现代的钢刀慢多长时间。割下人头以后，先把头皮清除，然后用利器在太阳穴处挖一个小洞，把脑髓倒在石碗里喝掉。那情形也许和我们现代的人吃猴头差不多，小锤子啪一声敲开猴子的小脑袋，插上一根吸管，不到一会儿工夫，猴子的脑髓已成我们的腹中之物，不同的是，阿斯马特人没有我们这样的食具，吃起来不如我们文明罢了。不知道我们这些文明人在吃猴头、喝蛇血时是否想到过人的脑髓也曾被吸食？猴子

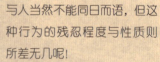

与人当然不能同日而语，但这种行为的残忍程度与性质则所差无几呢！

胜利者将猎取到的人头每一部分都派了用场：下颌切开以后当作项链的装饰品，头盖骨挂在一排排用树皮盖在高脚房子门前，到了晚上，摘下来当枕头。

阿斯马特人并不仅仅割下战败者的头颅，正常死亡者的头颅也将被割下来。细心观察挂在房子面前的头盖骨就会发现：一种是相当完整的，这就是正常死亡后留下的头盖

骨；另一种太阳穴上有窟窿，缺少下颌骨，这就是主人袭击来的胜利品。

刚刚割下的人头经常被用于"传授精力"仪式。仪式进行时，小孩把人头放在他的大腿之间坐下，半个小时以后，据说，死者的力量就奇迹般地传入了小孩的身体。站起来以后，小孩被大人带到海里乘水浮游。如此的仪式进行完毕之后，小孩就获得了真正的人生。

获取人头部落男女的分工极度不平等。女人承担了大部分的劳动，负责日常主要的食物来源，在岸上织网，还要到海里捕鱼。而当女人辛苦劳作时，男人们却在房舍内高谈阔论。繁重的体力劳动令阿斯马特的

妇女觉得怨气重重，她们要找机会将胸中的怒气发泄出去。

阿斯马特人惧怕鬼魂，他们相信女人有呼风唤雨和驱逐鬼魂的特殊本领。所以每年有这样一个节日供女人报复那些懒惰的男人，随意地打或者用利器在其身上划出伤痕，不管男人被打得鼻青脸肿还是血迹斑斑，都不得反抗。直到妇女们打够了，打累了，才允许男人中推举出一人向女人们求情讨饶。

伊里安岛滨海地区有个每逢重大节日都为鲨鱼举行庆典的部落。鲨鱼在这个部落被尊为神灵，具有至高无上的地位。祭祀典礼是全部落最盛大的节日，在这一天，

65

男女老幼都打扮得漂漂亮亮，男人头上插着极乐鸟的羽毛，袒露着引以为傲的文过的身体，女人们戴着叮叮的装饰品，大清早就载歌载舞地聚集到海边。当太阳升起的时候，祭祀典礼正式开始。部落的首领用尖刀将部落居民辛辛苦苦养的活猪肚子剖开，取出猪心、猪肝、猪肠子与猪肚等掷向大海。血腥的味道顿时引来了成群的鲨鱼，它们贪婪地吞食着，不一会儿猪内脏就不见了踪影。这时，猪肉已被成块地切开，部落首领天女散花一样将无数块猪肉抛入海中。水面上一片红色，鲨鱼们在猪血染红的海水中尽情享受美味佳肴。

祭鲨活动达到高潮时，7个小孩"扑通，扑通"地跳入海中，在鲨鱼群中嬉戏。岸上的男女老幼开始载歌载舞。由于鲨鱼们都已经吃饱，或正在忙着吞食猪肉，所以它们无心顾及水中的小孩。但也有贪得无厌的鲨鱼会袭击小孩，将其咬死，然后无情撕吞。

令人不可思议的是，部落的人将这种情况看作是孩子的罪有应得，因为他们污辱了鲨鱼的神灵。岛民们希冀通过祭鲨仪式来向鲨鱼表示友好，以期在出海打鱼时免受鲨鱼的攻击，所以他们把自己平时都舍不得吃的猪肉全都喂了鲨鱼。

动物乐园加里曼丹岛 >

加里曼丹岛也译作婆罗洲、婆罗乃，是世界第三大岛。位于东南亚马来群岛中部，西为苏门答腊岛，东为苏拉威西岛，南为爪哇海、爪哇岛，北为南中国海。面积为743330平方千米。人口907万(1980年)。北部为马来西亚的砂拉越和沙巴两州，两州之间为文莱。南部为印度尼西亚的东、南、中、西加里曼丹四省。历史悠久，中国史籍称为"婆利"、"勃泥"、"渤泥"、"婆罗"等。

岛上的山脉从内地向四外伸展，东北部较高，有东南亚最高峰基纳巴卢山，海拔4102米。地形起伏和缓，雨量丰沛，多分头入海的大河。森林覆被率80％。

经济开发限于河流下游及海滨地带，主要城镇多在河口内侧。地下矿藏有石油、天然气、煤、金刚石、铜、金等。还有铝土、镁、硫、铁、金、银、石英砂、石灰石、浮石等。农产有稻米、橡胶、胡椒、西米、椰子等。陆上交通以公路为主。大河多能通航。石油及铜矿开采和伐木业重要。金刚石储量居亚洲前列。西谷粉、胡椒产量居世界首位。石油、天然气和煤的开采与加工日益重要。早期加里曼丹受印度文化影响，加里曼丹出土过5世纪末的梵文碑文及一些不同时期的佛像，另外也发现了11世纪时爪哇式的佛像与印度教的神像。

橡胶树

加里曼丹岛的中间是山地，四周为平原。南部地势很低，成为大片湿地。这个岛印尼占了很大的地方。主要分布在沿海地区。

加里曼丹岛位于亚欧板块南部，地质相对稳定，只有南海岸有地震带分布。岛的中间是山地，四周为平原。南部地势很低，成为大片湿地，很少有人进去，但有一些原始部落人住在森林里。加里曼丹岛许多地方都被原始森林覆盖着，世界上除了南美洲的亚马孙河流域的热带雨林外，就要数加里曼丹岛的热带森林最大了。该岛正位于地球的赤道，气候炎热，这里热带动植物应有尽有，如巨猿、长臂猿、象、犀牛，以及各种爬行动物和昆虫。因此，印尼在这里建有一座世界上最大的热带植物园，园里收集了各种热带植物品种，同时附设了供人参观的旅游区。

加里曼丹岛拥有世界最大的花——马来西亚的大花草，以及特有动物婆罗洲象、马来西亚的国鸟犀鸟等。

婆罗洲猩猩：猩猩是地球上体型最大的以水果等为食的动物，它的皮毛长短和颜色差别很大，脸形也各不相同。它们所吃的水果种类达300多种，味道很难闻

加里曼丹岛须猪

的榴莲果是它们最爱吃的水果，它们还吃树皮、蜂蜜和各种花卉。除了幼小的猩猩会哭叫着要它们的母亲外，这些性情孤独的猩猩一般很安静，不会发出什么声音，它们表达感情的方式主要是通过脸部表情和身体语言或是手势语言。

68

长鼻猴：这种主要以树叶为生的猴子看上去十分滑稽可笑，它们有着十分突出的长鼻子以及被太阳晒得黧黑的皮肤，它们在树枝间穿越飞纵，寻觅着进餐的隐蔽地方。长鼻猴是世界上体重最重的猴子。长鼻猴是以家庭为单位集体生活，而长鼻猴的"单身汉"们则聚在一起生活。雄猴经常会大声叫喊，而雌猴则较少出声。

加里曼丹岛上有着世界上最长的蛇，世界上最大的飞蛾，世界上最小的松鼠，世界上最小的兰花……要想证明所有这些说法当然不那么容易，但能有幸一观世界上最大的大花草的风采。这是一种寄生植物，会散发出有毒的气味，宽度达1米。婆罗洲呈现出令人难以置信的缤纷多样的生态环境。这里的一切都那么奇异，从颜色像成熟的番木瓜果的"唇膏棕榈"到千奇百怪的大眼鲷和各种热带

长鼻猴

鱼等，婆罗洲是世界上最重要的生物多样性集中地之一。

世界自然基金会近日公布的一份报告说，自2005年7月到2006年9月，科学家

在印度尼西亚、马来西亚和文莱三国分管的加里曼丹岛总共2.2万平方千米的热带雨林核心区，共发现30种鱼类、2种树蛙、16种姜科植物、3种树木和1种阔叶植物。

其中身长仅8.8毫米的鱼，是世界上已知排名第二小的脊椎动物。此外，1种牙齿突出、能依靠腹部紧紧吸附岩石的鲶鱼、6种暹罗斗鱼等物种，也是前所未见的。新发现的姜科植物比迄今发现的整个姜科茴香砂仁属植物的数目还要多一倍。

世界自然基金会公布，自1996年以来，加里曼丹岛共发现了361个新物种，平

暹罗斗鱼

均每个月至少新发现3个物种，且该地区尚有上千个物种还没得到研究。

世界自然基金会"婆罗洲之心"项目国际协调员斯图尔特·查普曼说："这些发现再次证明了婆罗洲是世界上最重要

的生物多样性集中地之一。"随着农业开垦和种植经济作物，岛上的原始森林目前只剩下一半，当地生物急需保护。

加里曼丹岛生活着10种灵长类动物、350种鸟类、150种爬行及两栖类动物以及1.5万种植物。这里还是红毛猩猩、马来熊、犀牛等濒危物种的家园。

加里曼丹岛分为三国领土：分别属于马来西亚、文莱及印度尼西亚。

北部为东马来西亚，行政区为沙巴与砂拉越二州，及纳闽联邦直辖区（所占面积第二），东马来西亚地区原称北婆罗洲，是前英国殖民地，在1963年9月16日加入马来西亚联邦。

在沙巴、砂拉越中间为文莱，全境均在婆罗洲岛内，包括临近岛屿（所占面积

文莱

最小）。

马来西亚的砂拉越、沙巴及文莱合称"北婆三邦"，简称"砂汶沙"。面积有19.65万平方千米。

南部为属于印尼的加里曼丹地区，面积有53.95万平方千米，分东加里曼丹、南加里曼丹、中加里曼丹、西加里曼丹四省。加里曼丹1949年以前是荷兰殖民地。（所占面积最大）

岛上人口稀少（按亚洲标准），目前有910万人左右，将近3/4居民在印度尼西亚境内。民族成分复杂，有非穆斯林的达雅克人(Dayak)、信奉伊斯兰教的马来人，以及华人和少数欧洲人。

沙巴的人种结构特殊，是一个不折不扣的多元民族大熔炉，每一个族群都拥有各自的文化、衣着服饰、传统习俗和

印度尼西亚风光

71

节庆。沙巴人口286万，是由超过30种说80多种语言的族群，和睦相处共存建构的多元文化、多元宗教信仰和多元生活习俗的多元社会，这些不同的族群，都能各自保存和袭传本身的传统文化、语言、生活习俗和庆典节日，令许多国家称羡不已。

马来人与原住民族群（其中以嘉达山杜顺、巴夭、毛律为三大族）占沙巴人口的大多数，其次为华人、印度人和其他种族。沙巴最大的原住民族群是聚居在内陆平原及西海岸和北部一带的嘉达山杜顺族。他们都是传统的耕作者，以种稻为

生，不过已有许多人在城市工作居住。巴夭族一般都是捕鱼高手，而居住在西海岸的，则大多数依赖耕作为生，精于骑驹策马，素有东方牛仔之称。居住在东海岸的巴夭族群，则是一生讨海的刻苦渔夫。毛律族群大多聚居在沙巴西南部内陆偏远山区如根地咬或砂拉越及印尼的边疆地带，主要是以捕猎和游耕为生。毛律人过去一直让人心生畏惧，因为他们的祖先拥有猎人头的风俗背景。华裔则是最大的非原住民族群人口，逾30万人，大多聚居在亚庇、山打根、斗湖、古达等主要城市以及其他小镇，经商、种植或从事小型工业营生。

马来语是政府的官方语言。英语和

巴夭族

汉语也被广泛使用。在沙巴，华人以及当
地人从小学开始都可以学习到中文，因
此中文教育很普及。许多华人生活在城市
地区，客家、福建和福州话是主要方言。
年轻一代的华人都能以华语（普通话）交
谈和略懂粤语。通常华人游客在市区内
不会遇到语言障碍。许多设施、景点、大
型商场和餐馆等都有中文指示。但大部
分本地华人只知道地点的英文名字。如
果您想问路，您将需要说出目的地的英文
名称。

73

• 中国与加里曼丹岛的交流

华人与婆罗洲的接触较早。大约在公元 401 年（晋安帝隆安四年），中国僧侣法显由印度求得佛法，回归中国途中经过南洋，曾提及耶婆提，根据史家的意见，认为此地是现今的加里曼丹岛。中国和加里曼丹岛最早的通航记录是出现在《梁书》里，公元 520 年（梁武帝普通元年），在中国古籍中，当时被称为渤泥、婆利或婆罗，后来演变成婆罗乃，也就是现在通用的文莱一名。

在梁、隋、唐三朝里，婆利都遣送信使向中国朝贡方物，直至宋代这种接触继续保持。到了明朝，一系列史无前例的官方航海开始，最著名的要算是郑和的七下西洋，据记载曾两次经过渤泥（今加里曼丹岛）。

14、15 世纪时华人曾在沙巴的今那巴打岸河居住，有一明朝使者黄森屏传说还做过沿岸地区的统治者——拉者，当时约公元 1375 年（明洪武八年）。

18 世纪末，华人活动逐渐转移到婆罗洲的西部，主要集中在一些金矿开采地区，如坤甸和三发，大约在公元 1772 年（清乾隆三十七年），有近百名客家人抵达坤甸，可说是开发此地的先驱者。估计在公元 1821 年（清道光元年），大约有 3.6 万

《梁书》

名华人居住在此矿区内，此后至公元 1824 年（清道光四年）已达 15 万人之多。

在荷兰殖民势力进入南婆罗洲之后，他们开始忌妒华人在金矿区的利益，并使用权力限制华人移民和贸易，尔后逐渐减少，不少矿工也被迫迁徙至砂拉越。

74

加里曼丹岛与峇峇文化

加里曼丹岛是马来西亚、文莱及印度尼西亚三国的领土，在这个岛屿上有着非常复杂的文化背景，其中印尼和马来西亚的峇峇文化是这多种文化元素中的一个重要组成部分。

巴巴娘惹（或称土生华人/侨生）是指15世纪初期定居在满剌伽（马六甲）、满者伯夷国和室利佛逝国（印尼和新加坡）一带的中国明朝商人与当地马来人通婚生下的子女。男性称为"巴巴"，女性称为"娘惹"，通称为"巴巴娘惹"。

马来西亚

20世纪60年代以前峇峇娘惹在马来西亚是土著身份，但由于"某些"政党政治因素而被马来西亚政府归类为华人（也就是马来西亚华人），从此失去了土著身份。峇峇娘惹今天在马来西亚宪法上的身份和19世纪后期来的"新客"无分别。

这些峇峇人，主要是在中国明朝或以前移民到东南亚，大部分的原籍是中国福建或广东潮汕地区，小部分是广东和客家籍，很多都与马来人混血。

某些峇峇文化具有中国传统文化色彩，例如他们的中国传统婚礼。峇峇人讲的语言称为峇峇话，并非单纯的福建话，在使用汉语语法的同时，依地区不同，掺杂使用马来语与泰语词汇的比例也随之不同。有些受华文教育的华人也称那些从小受英式教育的华人为"峇峇"，这个用法有藐视的意思，表示此华人已经数典忘祖或者不太像华人了。此外，当地的闽南人亦有句成语叫作"三代成峇"，根据这句话的定义，所有在马来西亚出生的第三代华人也都成了峇峇，但这句话没有藐视的成分，只是意味着到了第三代华人，由于适应当地的社会环境的缘故，其文化难免带有当地色彩。

在今天的马来西亚，一位马来西亚华人娶了一位马来人为妻，他们的儿子也不是峇峇娘惹，是混血儿。峇峇娘惹可谓当世产生的特殊民族。娘惹文化既有马来族文化影响（如膳食、衣饰、语言）也有华人传统（如信仰、名字、种族认同），形成独有的综合文化。值得一提的是，新加坡空姐身上穿的制服，就是娘惹女装，脚上穿的嵌珠拖鞋是娘惹女鞋。

此外，娘惹更是一种饮食文化，主要是中国菜与东南亚菜式风味的混合体。因此在马来西亚也能吃到很多的娘惹菜，如甜酱猪蹄、煎猪肉片、竹笋炖猪肉等。喜

胸衬肩，加上中国传统的花边修饰，就是娘惹服饰。多为轻纱制作，颜色不仅有中国传统的大红粉红，还有马来人的吉祥色土耳其绿，点缀的图案多是中国传统的花鸟鱼虫龙凤呈祥。

娘惹菜

食甜品的人也可以在娘惹菜中找到知音，由香蕉叶、椰浆、香兰叶、糯米和糖精制而成的娘惹糕甜度适中，嚼头儿十足。

娘惹装是娘惹文化的代表之一。在马来传统服装的基础上，改成西洋风格的低

77

马达加斯加岛 〉

　　马达加斯加全岛由火山岩构成。中央部分平均海拔800—1500米，通常被称为中央高原。察拉塔纳纳山主峰马鲁穆库特鲁山位于高原的北部，海拔2876米，为全国最高点。位于中央高原的阿劳特拉湖，是马达加斯加的最大湖泊。东部为带状低地，多沙丘和潟湖。西部为缓倾斜平原，从海拔500米高原逐渐下降到沿海平原。有贝齐布卡、齐里比希纳、曼古基和曼古鲁四条较河流。2000多年前，人类首次从亚洲和非洲移居于此，从此对这里产生了深刻的影响。

马达加斯加独特的历史似乎可以解释它不同寻常的丰富物种——有20多万种动植物，包括原始、小型食肉动物和大约35种狐猴在内，这些都是地球上的其他地方所没有的。由于马达加斯加岛的森林限制，原始猫鼬是岛屿上最大的野兽。这里还有青葱茂盛的雨林与烈日灼人的平原并存，就连这里的树冠，都像是伸向天空的树根。这里充满了奇异的、多刺的植物和众多冷峻的石笋。这里是一个展示生命无比神奇的、多样性的博物馆。

　　有记载的马达加斯加岛历史始于公元7世纪，住民的祖先是来自印尼的婆罗洲，他们先从印尼前往印度，再由印度前往东非。那时阿拉伯人在其西北方海岸建立了贸易点，而与欧洲人的接触则始于16世纪，葡萄牙船长迪戈·迪亚士在他的船脱离了前往印度的船队之后看到了这座岛。17世纪末，法国人在东海岸建立了贸易站。历史1—10世纪，印度尼西亚人陆续移居该岛，并同当地人结合，形成马尔加什人。14世纪在中部和东南沿海出现了国家组织。

　　16世纪末，梅里纳人在马达加斯加中部建立了梅里纳王国，他们是印尼人的后裔。到18世纪90年代早期，梅里纳的统治者在包括海岸在内的岛屿的大部分地区建立了政权。至19世纪初，统一全岛，建立了马达加斯加王国。1817年，伊麦利那统治者与毛里求斯的英国统治者达成协议废除奴隶交易，这成为马达加斯加

经济上的一件大事。作为回报，岛国接纳
了英国军队和经济援助。英国人的影响
在几个地区非常大，梅里纳皇室也因
此改变信仰，开始信奉长老教会、
会众制和英国国教会。

1885年，英国人被迫接受
法国人对马达加斯加的殖民统
治。作为回报，英国人最终控制了
桑给巴尔。1895年至1896年，法国人用
武力建立了对马达加斯加的完全控制并
废除了梅里纳君主制。

第二次世界大战期间，马达加斯加人组成的军队在法国、摩洛哥和叙利亚参加了战斗。在法国陷入德军占领后，维希政府接管马达加斯加。1947年，随着法国人影响力的与日俱减，民族主义迅速抬头，却在经过数月艰苦卓绝的斗争后被镇压。随后，法国人于1956年建立了一个革新制度，马达加斯加开始逐步走向和平独立。1958年10月14日，马拉加西共和国成立，是法兰西共同体内的自治共和国。1959年，临时政府完成使命，宪法诞生。1960年6月26日，马达加斯加完全独立。1975年12月21日，改国名为马达加斯加民主共和国。1992年改国名为马达加斯加共和国，8月经公民投票通过的宪法，规定总统为国家元首、武装力量的最高统帅，由全民直接普选产生，任期5年。实行两院制。议会由国民议会和

参议院组成，为国家最高立法机构。政府为国家最高行政管理机构，制定和执行国家政策。1993年8月组成的政府，总理为F.拉武尼。1997年2月，迪迪埃·拉齐拉卡当选总统。2006年12月3日，马达加斯加举行总统选举。马克·拉瓦卢马纳纳获胜。

马达加斯加主要居民由18个部族组成，其中伊麦利那、贝希米扎拉卡和贝希略三个部族分别超过总人口的10%以上，另外希米赫特、萨卡拉瓦、安坦德罗和安泰萨卡分别超过总人口5%以上；马达加斯加其他居民有科摩罗人、印度人、巴基斯坦人和法国人，华侨和华裔约1.5万人。当地以属马来—波利尼西亚语族的马达加斯加语为民族语言，法语亦有通用；主要宗教有基督教（信徒占70%）、伊斯兰教（占8%）和传统宗教。

马达加斯加的华侨不少都在马达加斯加岛拥有大片庄园。他们都由华南各地循水路经南洋、塞舌尔群岛到达马达加斯加岛。他们当中也有不少人后来移居法国，或回到南洋或香港生活。

马达加斯加人的房屋与非洲大陆的房屋截然不同，却与东南亚各族人民的房屋极其相似。现代城市的建筑在许多方面继承了传统的建筑形式，地基很高，房顶又高又尖。在马达加斯加，人们对牛有着一种特殊的，近乎狂热的崇拜。牛为财富的标志。牛头为国家的象征。牛像孩子一样要接受洗礼，一个星期中的某一天不能强迫牛去干活。马达加斯加的绝大多数部族以农业为生，大米是主要食粮，煮好米饭一般就着用蔬菜、鱼、羊、家禽或野禽肉块做的卤吃，而且还撒许多辣椒和五味香料。他们还喜欢吃白薯和木薯，爱喝酸奶。马达加斯加人尊重老人，在许多社会机构中，管理人员大多是上了年纪的人。他们认为，人的年纪越大，涉世就越深，就越有智慧。人们对外国朋友十分友好，见面流行握手礼。在马达加斯加的马路上，如果汽车与牛群相遇，汽车必须让道于牛群。"不得无故伤害牛"是该国人人都遵守的信条。

83

巴芬岛 ＞

　　巴芬岛一译"巴芬兰"。加拿大第一大岛，世界第五大岛。加拿大西北地区北极群岛的组成部分。在巴芬湾以西、哈得孙海峡以北，东隔巴芬湾和戴维斯海峡与格陵兰岛相对。长1600千米，最大宽度800千米。面积50.75万平方千米。西北—东南走向。地质构造为加拿大地盾的延续，地形以花岗岩、片麻岩构成的山地高原为主，海拔1500—2000米，最高2060米。东高西低。山脊纵贯岛的东部，上覆有冰川。中西部福克斯湾沿岸为低地，海岸线曲折，多峡湾。岛大部分位于北极圈内，冬季严寒漫长，夏季冷凉，自然景观为极地苔原。岛上绝大部分地区无人居住，沿岸局部地区有因纽特人的小聚落，以渔猎为生。岛南部的弗罗比舍贝是全岛行政中心。北部有铁矿。岛上建有空军基地、气象站和雷达观测站。

据传11世纪即有北欧人来此，1576年马丁·佛罗比歇爵士探索西北航道时曾见此岛，后以17世纪的英国航海家巴芬的名字命名。

1615年，探险家威廉·巴芬是第一个成功环绕巴芬岛航行的人，此岛也以他的名字命名。目前巴芬岛上最大的城市是伊魁特，它也是加拿大努勒维特地区的首都，于1999年4月1日从西北地方独立出来的。主要居民是因纽特人。

自从1553年英国探险家带领3艘海船开向北冰洋深处，人类对北极的探险就从未停止过。在历经了地理扩张、争夺

因纽特人

航道、猎鲸热潮、科学探险之后，北极探险旅行悄然兴起。随着各种户外装备的完善，去北极不再是探险家和科学家的专利，独特的地理风光、奇异的生态环境，吸引了越来越多的普通人的目光。

巴芬岛是北极圈岛屿中面积最大、最多人居住的地方，并且也是风景最秀丽的地方。

一望无际的雪原，坚冰覆盖着的曲折蜿蜒的海岸线，其间北极熊出没，还有祖祖辈辈坚守在这里的因纽特人，这里就是巴芬岛，仍位于人类文明禁区内的它，是大自然创作并保留的最原始的荒原，鬼斧神工的地貌、神奇的天文现象、奇特的生物群落都在召唤着你。

猎鲸

85

北极狐

　　巴芬岛虽然人烟稀少，没有公路和铁路等交通，但已经是北极圈中最多人居住的地方，也常是北极探险队的基地所在。在地理上，巴芬岛的东方有巴芬湾、大卫斯海峡，可通到丹麦的格陵兰岛；南方则有福克斯湾、布西亚湾，可通往加拿大本土。

　　夏季，正值北极的极昼，欣赏难得一见的灿烂的午夜阳光，有种奇异的感觉，好像时间和空间的概念都变了：太阳一直在头顶上划圈，没有"日落"，没有"黎明"，阳光从不会黯淡，也不会变得更亮。每次从海边走向冰川，走了半天，太阳似乎仍然那么遥远，而每次从冰川走向海边，走了半天，回头一看，它仍然在眼前。午夜的阳光下，穿越晶莹闪烁的冰川地带，身后是深蓝色的北冰洋，海鸟在浪尖歌唱，碎石的山坡上时不时能看见稚嫩的花朵绽放，北极最生机勃勃的一面都在这条路上为你展现。如果你足够幸运，说不定还能遇到可爱的北极狐和其他小动物。

起风的时候,坐在雪橇上,扬起风帆,借助风力,在光滑的冰面上疾驰,既省力,又刺激。继续南行,天气渐渐温暖,6月的冰川表面有一层薄薄的融水,与未化尽的冰碴儿搅在一起,犹如冰泥。在冰泥中滑雪感觉很特别,因为这些冰泥隔绝了寒冰的空气,所以感觉脚非常暖和,舒服极了。

　　极光是最为壮观的自然现象之一,时常发生在极地和近极地区域。巴芬岛也是观测极光的绝佳地点,这里人烟稀少,没有公路、铁路及城镇。远离人为光源,在漫长的极夜里,极光是这里最美的风景。在寒冷和黑暗中苦苦等待几个小时,甚至几天,所有的等待都是值得的,当那梦幻般的光幕在眼前飞舞的时候,大自然的力量与神奇会让你将一切苦恼都抛到脑后。

巴芬岛——"独角兽"的家园

这世上还没有一种动物能给人们如此之多的想象和刺激，它让人类竟如此地着迷了几个世纪，不断有猎人在林间山野找寻它的迷人踪迹，它就是传说中的独角兽。由于独角兽最初出现在《圣经·约伯记》中，几乎没有人去怀疑它是荒谬的想象之物。而公元前398年，古希腊的历史学家西谛亚斯对独角兽的详细描述更勾起了人类无比丰富的联想。

这位曾做过波斯国王医生的历史学家在一本东方历史的书中写到："独角兽生活在印度、南亚次大陆，是一种野驴，身材与马差不多大小，甚至更大。它们的身体雪白，头部呈深红色，有一双深蓝的眼睛，前额正中长出一只角，约有半米长。"它最大的魔力就是头顶那60多厘米的角，这只角底部为白色，中部为黑色，顶部那尖角则是鲜血般红艳。

独角兽的神角被人们渲染得异常神奇，它不仅是一种壮阳春药，还可治疗预防各种

疾病，并且可以去毒。在巨大的刺激下，就有人用犀牛角等东西来伪造独角兽的神角获取暴利。直到1577年，马丁·弗罗比歇的船队在巴芬岛海湾发现了角鲸，它嘴上就长着这种近两米长的独角。这种角鲸的牙齿从外观上看更像独角兽的神角，于是巴芬岛作为"独角兽"的"原产地"而闻名于世，岛上妄图捕获"独角兽"的人也蜂拥而至。但是要在冰冷的北冰洋捕获角鲸也非一件容易的事情。角鲸这根长牙常常只有国王这些贵族才有可能得到，并且相当昂贵。英国查理五世还债时就动用了两根，其价值相当于今天100万美元以上。在维也纳，欧洲最古老的王室——哈布斯堡王室曾经用一只长牙制成了一根象征着至高无上皇权的节杖，并且在上面镶满了钻石、红宝石、蓝宝石和绿宝石。到了17世纪中叶以后，学者们披露了角鲸，但人们却仍旧相信独角兽角的强大魔力，在1789年英国皇室还在用独角兽角来检验各种食品。比起犀牛来，角鲸的牙齿在人们心目中似乎更为珍贵稀少，功效更为强劲。

金岛——苏门答腊 ＞

苏门答腊的古名梵文："金岛"，中国文献中也称为"金洲"，马来语也指金洲，显然是因为自古以来苏门答腊山区出产黄金。16世纪时"金洲"之名声，曾吸引不少葡萄牙探险家远赴苏门答腊寻金。

苏门答腊岛是世界第六大岛，印度尼西亚第二大岛屿，仅次于加里曼丹岛（婆罗洲），为世界最大群岛——马来群岛所属的大巽他群岛岛屿之一，经济地位仅次于爪哇岛。东北隔马六甲海峡与马来半岛相望，西濒印度洋，东临南海和爪哇岛东南与爪哇岛遥接。南北长1790千米，东西最宽处435千米。面积43.4万平方千米，包括属岛约47.5万平方千米，占全国土地面积的1/4。中部有赤道穿过，西半部山地纵贯，有90余座火山，最高峰葛林芝火山，海拔3805米。东半部为平原，南宽北窄，最宽处100千米以上。常年高温多雨，各地温差不大，降雨则有明显差

异。西海岸年降水量1000毫米，山区可达4500—6000毫米；山脉东坡至沿海平原年降水量2300—3100毫米，岛的南北两端年降水量1500—1700毫米。河流众多，主要有穆西河、巴当哈里河、因德拉吉里河、甘巴河等，多能通航。热带雨林广大，覆盖率60%。有石油、煤、铁、金、铜、钙等矿藏。农产品以稻米、咖啡、橡胶、茶叶、油棕、烟草、椰子等为主。工业有炼油、采矿、机械、化工、食品加工等。重要城市有棉兰、巴东、巨港等。

苏门答腊岛常年高温多雨，各地温差不大，降雨则有明显差异。西海岸年降水量3000毫米，山区可达4500—6000毫米；山脉东坡至沿海平原年降水量2000—3000毫米，岛的南北两端年降水量1500—1700毫米。

关于苏门答腊岛名称来源有两种说法：一说岛名来源于梵文意为"海岛"，故苏门答腊古时曾叫苏瓦纳布米，意为

"光辉绮丽的乡土"，这个名字的同义词即苏门答腊布米，苏门答腊即从苏门答腊布米演变而来。苏门答腊古称安达拉斯，此名源于阿拉伯语。数百年前，该岛广为种植橡胶树，人们便把它别称为"帕齐亚"，印尼语意即"橡胶岛"。印度尼西亚独立后，该岛又赢得"希望之岛"的美称。关于苏门答腊这一名称中国古籍很

91

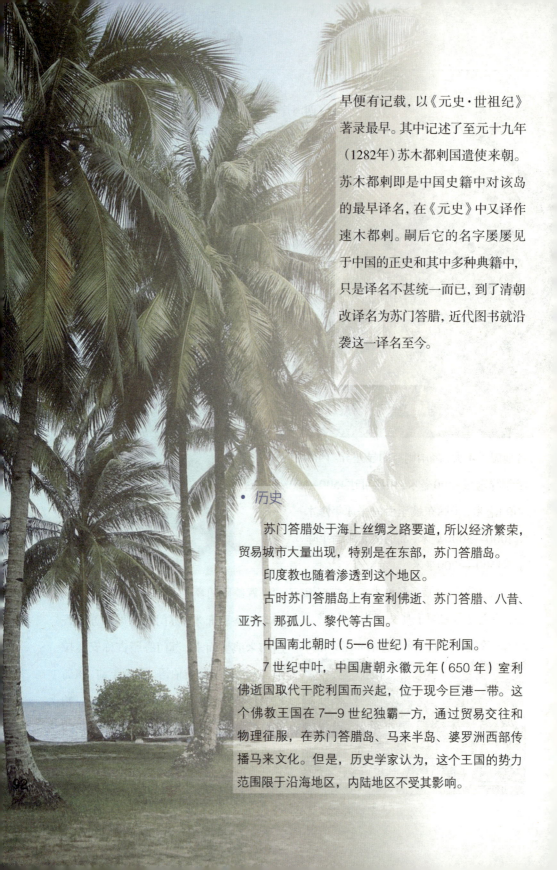

早便有记载，以《元史·世祖纪》著录最早。其中记述了至元十九年（1282年）苏木都剌国遣使来朝。苏木都剌即是中国史籍中对该岛的最早译名，在《元史》中又译作速木都剌。嗣后它的名字屡屡见于中国的正史和其中多种典籍中，只是译名不甚统一而已，到了清朝改译名为苏门答腊，近代图书就沿袭这一译名至今。

• 历史

苏门答腊处于海上丝绸之路要道，所以经济繁荣，贸易城市大量出现，特别是在东部，苏门答腊岛。印度教也随着渗透到这个地区。

古时苏门答腊岛上有室利佛逝、苏门答腊、八昔、亚齐、那孤儿、黎代等古国。

中国南北朝时（5—6世纪）有干陀利国。

7世纪中叶，中国唐朝永徽元年（650年）室利佛逝国取代干陀利国而兴起，位于现今巨港一带。这个佛教王国在7—9世纪独霸一方，通过贸易交往和物理征服，在苏门答腊岛、马来半岛、婆罗洲西部传播马来文化。但是，历史学家认为，这个王国的势力范围限于沿海地区，内陆地区不受其影响。

7 世纪唐咸亨二年(671 年)高僧义净,访问室利佛逝国,停留 6 个月。

10 世纪初唐天祐元年(904 年)改称为三佛齐,以勃林邦(今巨港)为首都。

10 世纪北宋建隆元年(960 年)、二年、三年三月、三年十二月,三佛齐国王悉利大霞里坛遣使贡方物。

11 世纪,室利佛逝帝国的势力扩张到苏门答腊大部分地区,以及其他岛屿和大陆地区。宋元丰二年(1079 年)七月三日三佛齐占卑使来贡方物;元祐三年(1088 年)十二月遣使贡方物;元祐五年(1090 年)九月又贡。这时三佛齐旧都勃林邦已被东爪哇国侵占,三佛齐国都迁往占碑。

13 世纪初叶,宋代泉州市舶司提举赵汝适于南宋宝庆元年(1225 年)著《诸蕃志》有专条详细叙述三佛齐国。

13 世纪中叶,三佛齐远征细兰失败,国力渐弱。

1377 年三佛齐的首都沦入爪哇的麻喏巴歇帝国之手,此后王国便在苏门答腊一蹶不振。14 世纪末叶明朝洪武三十年

历史遗迹

93

（1397年），三佛齐被爪哇满者伯夷国王灭。

13世纪元至元九年（1282年），须文达那国遣使贡方物。在明代才改称为苏门答腊国，但仍然不是苏门答腊全岛。

14世纪末明洪武元年（1367年），苏门答腊国王奉献金叶表文，贡马匹和方物。

明代郑和七下西洋，屡屡从苏门答腊海岸经过。当年，明成祖令郑和赠送给亚齐国王一座大钟，现仍陈列在亚齐博物馆里。明永乐三年（1405年）苏门答腊王苏丹罕难阿必镇遣使阿里入贡，明成祖诏封苏丹罕难必镇为苏门答腊国王，赐印、金币。永乐五年再次遣使

郑和

入贡。随后苏门答腊国遭到那孤儿国侵略，苏门答腊国王中毒箭死，王子苏干拉年幼，王妃下令，如有勇士能够替国王报仇，保卫苏门答腊国，愿意嫁为妻子。有一老渔翁挺身而出，打败那孤儿国，王妃果然嫁给老渔翁，并尊老渔翁为老国王。永乐七年（1409年）老渔翁国王来京师朝贡，永乐十年（1412年）明成祖遣使前往苏门答腊国。这时候，前王子苏干拉已经成人，纠众杀老渔翁国王，然后纠众逃往山中建立山寨。永乐十三年（1415年）三保太监

郑和擒获前王子苏干拉送京伏法。少渔翁王感恩不尽。宣德十年（1435年）明宣宗诏封少渔翁王的儿子继承王位。后来，苏门答腊国被亚齐酋长国所灭，亚齐酋长国一直延续到20世纪，而苏门答腊成为全岛的名字。

16世纪开始，欧洲列强——最初为葡萄牙，后为荷兰和英国——先后与苏门答腊沿海地区的公国贸易、交战，并在此建立若干堡垒。1824年和1871年订立的英荷条约撤销英国在苏门答腊的主权，而荷兰则通过经济开发和行政手段，在19世纪逐渐将内陆地区纳入势力范围。在19世纪，苏门答腊的各王国一个接着一个被荷兰殖民者打败，唯有亚齐酋长国维持独立。为了占领这个酋长国，荷兰人付出了惨重的代价，打了昂贵的亚齐战争（1870—1905）。亚齐北部地区则历经30年的争战才在20世纪初勉强为荷兰掌控。第二次世界大战期间，苏门答腊曾被日军占领，1950年成为印度尼西亚共和国的一部分。

此后苏门答腊人不时表达对中央政府财政议题的不满，常发动叛乱或其他区域性的社会运动。其中最著名的是亚齐的情势，亚齐分离主义者与印度尼西

亚军队自1990年起经常爆发武装冲突。2004年末苏门答腊遭遇一场自然浩劫，印度洋一起大海啸（由亚齐外海一起强烈地震所引发）肆虐西北沿岸的低洼地区及附近岛屿，造成严重伤亡及灾害。

海啸航拍图

你不知道的苏门答腊风俗

苏门答腊岛的巴达克族人，忌讳公公和儿媳直接谈话，有话非说不可的时候必须通过中间人。如公公要问儿媳家里有没有鸡蛋，就得这样问："穆罕默德，请去问问我的儿媳，家里有没有鸡蛋。"儿媳也必须如此回答："穆罕默德，请转告我公公，昨天我刚刚买了一大竹篮。"在这问答中，作为中间人的穆罕默德可以自顾自地待在一边，毫不理睬二人在谈些什么，因为公公和儿媳彼此都听得见对方的话，用不着别人来转达。若是公公和儿媳在外面偶然相遇，双方出于礼貌都想问候对方几句，而此时旁边又没有第三者，那么路边的石头、树木都可以充当"中间人"。

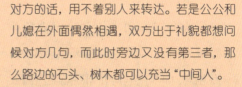

在苏门答腊的西南部沿海，有一连串岛屿，叫明打威群岛。这个岛上生活着爱文身的部落人，人们称之为"花人"。由于这里自然环境闭塞，花人们一直保留着他们文身的习惯。文身师用棕榈树汁和木炭等煮成染料，然后用针在被文身的人身上刺成各种花纹图案，再染上色汁，这样刺在身上的花纹就终身保留下来。这种文身是在庄重古朴的仪式下进行的，不是一次完成，每一个人一生要进行几次，一般从小孩子时起就进行，最后达到完成全身的文花工作。他们认为这是对一个人的美化。因为他们基本上不穿衣服，只在腰下部围些树叶或扎一块布条，所以身上的花纹所显示的美能使人一目了然。

97

本州岛 〉

本州是日本最大的一个岛，位于日本列岛的中部，向北它与北海道岛隔津轻海峡相望，向南它与四国岛隔濑户内海相对，向西南它与九州岛隔关门海峡和丰后水道。假如不将澳大利亚算做岛的话，本州是世界上第七大岛。

本州岛地形崎岖，位于亚欧板块和太平洋板块的消亡边界上，因而多火山和地震。中部为中央高地，有多处海拔3000米左右的高峰，山间有一系列盆地群。富士火山带由中部延伸到太平洋中的小笠原群岛、伊豆诸岛。本州北部(东北地区)有3列山脉，南北纵贯，间有盆地与平原。其中奥羽山脉长达450千米；西南部的中国山地与纪伊山脉呈东西走向，山间有众多小盆地。近

畿中部地垒山地与盆地相间。较大平
原除新潟平原外均集中于太平洋沿
岸，以关东平原最大，次为浓尾、大
阪平原等。河网稠密。各河中上游多
急流瀑布，水力资源丰富，森林面积
约占总面积60%。海岸线长1.2万多千
米，约占全国海岸线总长度40%。太
平洋沿岸曲折，多海湾与半岛；日本

海沿岸较为平直。

　　大部为温带海洋性季风气候，
初夏有梅雨，秋季多台风。大部分
地区温和湿润，但南北、东西有明
显差异。年平均气温，北部的青森
为9.6℃，西南端的下关为15.5℃，相
差近6℃；最冷月（1月）平均气温北
部为-2℃左右，西南端为5.5℃；最

暖月（8月）平均气温北部22.5℃，西南端26.7℃。年降水量北部1400毫米，西南部1700毫米。东部太平洋斜面夏季与台风期降水最多，冬雪少，天气晴朗；而西部日本海斜面冬季多阴雪天气，形成深雪地带。森林面积约占总面积3/5。

100

历史

　　本州岛是日本最早开发的地区之一，是大和民族和日本文化的发祥地。古研究发现，在数十万年前来自中国东北的原始人类进入朝鲜半岛上居住，一些又迁徙到日本本州岛。考古学和人类学观点认为日本民族主要由东亚通古斯语族人、古代中原人、少量长江下游的吴越人、少量马来人以及中南半岛的印支人逐渐迁移到日本融合衍变而来。从1996年开始中日两国考古学、人类学和医学专家联合组成的中日人骨共同调查团多次证实了以上的结论。日本由古代信仰萨满教的中国东北游牧民族迁徙而来，由于日本的独特地形，使得迁入日本的游牧民族改变了原有的生存方式，形成了渔猎为主的和族人，这些人建立了出云国、邪马台国等国家，另外还有大量中原人迁往日本。自从中国战国末年，大量燕国人、齐国人和楚国人逃到朝鲜半岛和日本。还有一条移民路线是从浙江一带直接跨海到日本。

到了约公元 2 世纪，日本各地有 100 多个部落（其中有的与东汉建立了关系）。

到了公元 4 世纪，在本州岛关西地方建立了比较大的国家，即大和国。据说最终将他们统一起来的是当今天皇家族的祖先。当时，日本国范围仅包括本州西部、九州北部及四国。

日本信史相继经历了弥生时代（前300—300 年）、古坟时代（300—600 年）、飞鸟时代（600—794）、平安时代（794—1192）、幕府时代（1192—1868），以及近现代的明治、昭和、平成时代。幕府时代之前日本以本州岛西部为中心，幕府时代至今以本州岛东部（关东地区）为中心。

据日本传说的《古事记》《日本书纪》记载，约前 660 年日本第一任天皇——神武天皇登基。到 7 世纪左右的圣德太子时期，日本开始大量吸收中国文化，派遣加强中央集权，647 年的"大化改新"使日本进入封建社会，而对中国文化的吸收也达到顶峰，日本先后派了 13 个遣唐使团，并结合中国文化发展了日本

本土文化。12 世纪末以后，掌握政权的公卿贵族被武家取代，日本进入幕府时期。征夷大将军实行幕藩体制，本州岛上有 100 多个藩国。日本相继出现了 3 个幕府，即镰仓幕府、室町幕府、德川幕府，这些幕府的统治中心都在本州岛上。

在 16 世纪日本还出现了所谓"战国时代"的乱世。

1853 年美国佩里舰队打开日本国门，而日本的倒幕运动也由此勃兴。本州岛西部的长州藩是倒幕运动的急先锋之一。推翻幕府以后，日本明治政府宣布

现代化的日本

"王政复古",并学习西方进行资产阶级改革,史称"明治维新"。明治维新使日本跻身列强,而作为日本的中心,本州岛也成为日本近代化的前驱,孕育了日本最早的工业文明。1945 年,本州岛西部城市广岛被美国投下原子弹,而整个日本也在第二次世界大战中受到重创。

欧洲第一大岛——大不列颠岛 ＞

欧洲最大的岛，不列颠群岛是两个主要岛屿之一。英国领土的主体。在北大西洋中，同欧洲大陆仅一水（北海）之隔。南北长900千米，东西最宽处为520千米，面积22.99万平方千米。沿海有许多深入内陆的峡湾和港湾。周围诸海受北大西洋暖流的影响，冬不结冰。典型的海洋性气候，冬温夏凉，多雨日，秋冬多雾。地势自西北向东南倾斜，西、北多山地和丘陵，东南为起伏不平的低地。煤炭资源丰富。主要河流有泰晤士河、塞文河和特伦特河，河流水位稳定，利于航运。中部和东南部的英格兰是英国经济发展水平最高和人口最集中的地区。

106

　　不列颠岛原是欧陆的一部分，经过两次地壳运动，使不列颠岛地块往大西洋漂流，群岛和欧陆之间陷落形成北海，而成为孤立的岛屿。大不列颠岛地形北高南低，起伏平缓，冰河地形为其主要特征。因岛屿为狭长形，所以河流长度都不长，加上雨量丰富，几乎每个河口都是天然良港。

由于是岛国，又有湾流夹带大量水汽流经其周围海域，所以降雨几率很高，年雨量平均全岛各地都在1000毫米以上，11月和12月是降雨最多的月份。因为有湾流从南方引进温暖的空气，所以温度不会太低，比起北欧其他国家算温暖了。

不列颠群岛今天有两个主权国家并存，分别是英国和爱尔兰共和国。

不过不列颠群岛这一名称在爱尔兰共和国不受欢迎，因为它过于强调英国在这一范围内的主导，民间和政府都不使用这个名称。不过在地理学上这个群岛历来并没有其他合适的名称可供使用。英国各界在与爱尔兰的交涉中，为避免触及敏感情绪，常使用"这些岛屿"等含混的名称。历史学家诺曼·戴维斯1999年发表的著作就只称作《群岛》。

文物考查已经证明，古代印欧游牧部落西移之前，今天的不列颠诸岛上已居住着旧石器人。那时，不列颠诸岛和欧洲大陆是连成一片的，英国和法国之间还没有今天的英吉利海峡和多佛尔海峡，莱茵河与泰晤士河之间尚由其支流相接，今天的英国仍属欧洲大陆的一部分。

大约在距今9000年的时候，由于地壳的变迁，大不列颠诸岛从欧洲大陆分离出来。所以史前的旧石器人能够在不列颠定居下来并不足为怪。曾任过英国首相的温斯顿·丘吉尔在其《说英语的民族史》一书中，曾这样描写居住在不列颠的旧石器人：很明显，那些赤身裸体或只披着兽皮的男人和女人或觅食于原始密林之中，或涉猎于沼泽、草滩，至于他们所说的语言，尚无史料可查。

大约在公元前3000年，伊比利亚人从地中海地区来到不列颠岛定居。他们给不列颠带来了新石器文化，同时征服了先前在那儿居住的旧石器人。大约从公元前500年开始，凯尔特人从欧洲大陆进犯并占领了不列颠诸岛。

英吉利海峡

美丽的苏格兰小镇

苏格兰风笛演奏

凯尔特人最初居住在今天德国南部地区，他们是欧洲最早学会制造和使用铁器和金制装饰品的民族。在征服不列颠之前，他们曾征服了今天的法国、西班牙、葡萄牙、意大利等地区，来到不列颠后，一部分凯尔特人在今天的爱尔兰和苏格兰定居下来，其余的一部分占领了今天的英格兰的南部和东部。每到一处，他们都对伊比利亚人进行残酷的杀戮。凯尔特人讲凯尔特语。今天居住在苏格兰北部和西部山地的盖尔人仍使用这种语言。在英语形成之前凯尔特语是在不列颠岛上所能发现的唯一具有史料依据的最早的语言。

111

公元前55年的夏天，罗马帝国的恺撒大帝在征服高卢之后来到不列颠。那时，他的目的未必是想征服不列颠，而是想警告凯尔特人不要支持那些居住在高卢的、正受罗马人奴役的凯尔特同族人。恺撒大帝的这次"不列颠之行"并没有给罗马帝国带来什么好处，相反却在一定程度上降低了他的威信。第二年，即公元前54年的夏天，恺撒大帝第二次亲临不列颠。这次，他在不列颠岛东南部站稳了脚跟，并与当地的凯尔特人发生了一些冲突。恺撒大帝虽然取胜，但并没有能使凯尔特人屈服。不久，他又回到了高卢；在以后的大约100年间，罗马帝国并没有对不列颠构成很大的威胁。

英国历史上的真正的"罗马人的征服"是从公元43年开始的。当时罗马皇帝克罗迪斯率领4万人马，用了三年时间终于征服了不列颠岛的中部和中南部。随后，整个的英格兰被罗马牢牢控制了。随着军事占领，罗马文化与风俗习惯渗入不列颠。罗马人的服装、装饰品、陶器和玻璃器皿很快在不列颠得到推广；社会生活开始"罗马化"，这必然导致拉丁语在不列颠的传播。英国著名城市多尔佛、约克的名称也源于凯尔特语。罗马人占领不列颠长达400年，直到公元407年，罗马人才因罗马帝国内外交困不得不开始撤离不列颠。

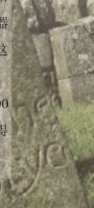

大约在公元449年，居住在西北欧的三个日耳曼部族侵犯不列颠。他们是盎格鲁、撒克逊人和朱特人。他们乘船横渡北海，借罗马帝国衰落、自顾不暇之机一举侵入大不列颠诸岛。他们遭到凯尔特人的顽强抵抗，征服过程持续了一个半世纪之久。到了公元6世纪末，大不列颠岛上原先的居民凯尔特人几乎灭绝，幸存者或逃入山林或沦为奴隶。这就是英国历史上发生的"日耳曼人征服"，亦称"条顿人征服"。这次外来入侵，对英语的形成起了十分关键的作用。

维多利亚岛 〉

维多利亚岛位于大约北纬71° 0′, 西经110° 0′, 北美大陆北部北冰洋群岛中三大岛屿之一。属加拿大西北地区, 是世界第九大岛屿。南与大陆隔海峡、海湾相望。面积21.5万平方千米。地面低平, 上覆冰积物。

该岛是加拿大北极群岛的第二大岛, 行政上分属西北地区和纽纳武特地区。与南面的大陆隔着多尔芬和尤尼恩海峡、科罗内申湾、迪斯海峡和毛德皇后

湾。岛长约515千米, 宽270—600千米, 面积217291平方千米。地势从蜿蜒曲折的海岸向西北抬升至海拔约655米。为数不多的居民主要集中在西部的霍尔曼与东南部的坎布里奇贝。加拿大BC省会维多利亚市位于加拿大西南的维多利亚岛的南端, 城市秀美宁静, 素有"花园城市"之称。

　　该岛以英国维多利亚女王之名命名，至于在岛上任何有"阿尔伯特亲王"为名称的地名都是命名自女王丈夫阿尔伯特亲王。

　　苏格兰探险家约翰·理查德森是第一个发现该岛的欧洲人，他在1826年发现该岛。加拿大皮货商彼得·沃伦·迪斯和北极探险家托马斯·辛普森分别在1838年和1839年对维多利亚岛的东南海岸作了勘察，1851年探险家约翰·雷绘制了该岛整个南部海岸的地图。该岛西北和西部海岸的地图是由罗伯特·麦克卢尔分别在1850年和1851年的两次探险考察中绘制的，罗尔德·亚孟森探险队中的成员高登弗雷德·汉森在1905年绘制出了维多利亚岛东海岸远至南森角的地图，斯特芳生领导的加拿大北极科考队中的成员斯托克森在1916—1917年绘制出了东北海岸的地图并发现了斯托克森半岛。

115

维多利亚岛是处于加拿大西北地区与努那福特交界的岛屿之一。西北地区与努那福特的区界正好穿越维多利亚岛,岛西北端的1/3属于西北地区,而剩下的就归努那福特管辖。

岛的北端有梅尔维尔子爵海峡,而麦克林托克海峡和维多利亚海峡就在岛的东方;南方有皮斯海峡,两个地区的分界线越过这个海峡后到达美洲大陆然后继续往南延伸;西方则有阿蒙森湾和被长长的威尔士王子海峡所隔开的班克斯岛。

维多利亚岛的海岸线迂回曲折,造成岛周围有很多港湾,而岛上也有很多半岛。在岛的东端,有一个指向北的半岛,称为斯特芳生半岛。半岛再往北就是戈德史密斯海峡,隔开维多利亚岛与邻近的斯特芳生半岛。斯特芳生半岛向西则是岛上主要的港湾哈德利湾,再往西便是岛的正北方。另一个比较宽的半岛在西北方,名为阿尔伯特亲王半岛,而它的尽头就是威尔士王子海峡。在南方有一个向西延伸的半岛,叫渥拉斯顿半岛,而该半岛与岛中心地带则被阿尔伯特亲王

海峡所分隔。

维多利亚岛的最高点为655米，在位于正北方的谢勒山当中。

亚地中海式气候使得维多利亚岛一年四季都适合旅游。因其气候温和、阳光多、雨量少、生活环境佳。

维多利亚是加拿大距亚洲最近的港口，属不冻港。维多利亚有轻工业、建筑五金工业、陶器业、木材加工业、游艇制造业、食品工业、绘画和艺术行业，旅

游业是该市最大的财政收入产业。

　　岛上人口有1700多人,其中1300多人住在努那福特,其余的人在西北地区。岛上只有三个小居民点,主要是因纽特人。最大的聚居点是东南岸的剑桥湾,约有500人,属努那福特。另一聚居点在岛的西岸,属西北地区。以前在西岸更北的地方有一个叫堡臣的贸易站,不过多年前已经荒废。捕猎稀少的野生动物,为居民

的主要经济来源。

　　维多利亚岛有一座美丽的大花园,叫布查特花园。花园里,有翩翩飞舞的蝴蝶,有芬芳迷人的花香,有欣然怒放的各种鲜花,有葱葱茏茏的树木,有清新的空气,周围还有群山峻岭,让漫步在花园里的人每一次呼吸都充满了诱人的花香。花园每年有100万株花陆续盛开,有的花像金黄的麦子,有的花像少女那长长的

蝴蝶花

头发，有的花像倒挂着的灯笼，有的像雪花一样洁白无瑕，还有的花像蝴蝶一样翩翩起舞叫蝴蝶花。"跳舞的女孩"这种花好像一个小女孩跳芭蕾舞。还有一些不知名的奇花异草。在50多名园艺师的精心呵护下，布查特花园成为了世界上最有名的花园之一。

维多利亚岛也是一座繁华的城市。这里很宁静，街上没有车水马龙的嘈杂声，偶尔看见几辆车子开过，人们悠闲地漫步在街头。

维多利亚市的市中心是议会大厦，议会大厦的建筑很雄伟，是古代英国式风格。在大厦前有一个又大又漂亮的喷泉，把大厦装点得更加雄伟壮观！

119

因纽特人的故乡——埃尔斯米尔岛 ＞

埃尔斯米尔岛是世界第十大岛,加拿大北极群岛最北端岛屿,伊丽沙白女王群岛中面积最大的岛屿。东北紧临格陵兰岛。宽480千米,长804千米,面积196235平方千米,为加拿大第三大岛。东南部是加拿大地盾的延续,地形为古老结晶岩构成的山原;北部属古生代褶皱带,褶皱山地以古生代沉积岩为主,地形崎岖,群山耸立,巴比尤峰海拔2604米,是北极群岛最高点。地处北极附近,气候严寒,冰川广布,地下有永冻层,分布有苔藓、地衣等低等植被。该岛北部是加拿大领土的最北端。

北美洲西北地区的地形地貌都深受第四纪冰川的影响。埃尔斯米尔岛所在的北极群岛在远古和北美大陆是一个整体，是古老的加拿大地质的一部分。冰川的压力使一部分陆地沉到海平面以下，冰川退却后没有回升到海平面以上，将一部分陆地隔成了岛屿，形成了北极群岛。北极群岛现在还有少数地方被冰川覆盖，这里是南极和格陵兰岛以外冰川面积最大的地方。北极群岛是世界上面积第二大的群岛。西北地区的南部并没

有被冰川隔成岛屿，但是冰川却在这里造就出世界上最壮观的湖区。北极群岛的植被基本上都是苔原。

因纽特人最早来到该岛捕猎，维京人在10世纪时已到访过这里，双方一度展开过贸易，后由于气候变冷，人类逐渐撤离该岛。1616年为航海家巴芬发现，1852年英格菲尔德的舰队为埃尔斯米尔伯爵探勘此地，航行至伊莎贝尔海岸时取名。2001年全岛人口仅168人。

面积广阔的埃尔斯米尔岛上只有南

◎因纽特人

121

麝牛

部的格赖斯峡湾有居民。早在4000年以前，一小部分古代因纽特人从西伯利亚经过冰封的白令海峡到达阿拉斯加。经过几个世纪的游猎，在2500多年前，他们中的一部分人的足迹终于踏上了埃尔斯米尔岛。他们以麝牛和驯鹿为食，用它们的皮毛骨骼做衣服和武器，并改良方法猎杀海洋动物，最终兴旺繁荣起来，成为了现代因纽特人的祖先。他们发展出不可思议的技艺，在皮船上捕捉包括鲸在内的各种海洋哺乳动物，狗拉雪橇成为重要的陆上交通工具。因此，埃尔斯米尔岛成了一个研究加拿大北部原住民的重要场所。

埃尔斯米尔岛中部地区气候终年严寒，为巨大的冰层所覆盖，没有植被和土壤。埃尔斯米尔岛北端距离北极不到250千米。在这样酷寒的极地，只有极特殊的动物才能生存。

埃尔斯米尔岛上没有树木。离它最近的树生长在南部的加拿大大陆上。夏季，这里的大部分地区没有积雪，北极罂粟等野花在小溪边等适宜的地方盛开。黑曾湖地区是这片广大荒原上的最大绿洲。到了夏天，湖畔生机勃勃，生长着苔藓、伏柳、石楠和虎耳草等。夏季草原上有成千上万雪白的北极野兔，成群的麝牛和驯鹿。

生活在埃尔斯米尔岛上的驯鹿比大陆上的驯鹿要小。毛色较白，冬季不向南迁徙，同麝牛和北极野兔一样，只能依靠刨食积雪下的地衣和绿色植物过冬。无论冬夏，它们都是北极狐和狼的猎物。来此度夏的许多鸟，冬季都南飞到较温暖的地方。北极燕鸥几乎飞行地球半圈到南极地区去过夏天。雪鸮和岩雷鸟冬季仍留在岛上，寻觅冬季植物维持生命。北极狼也是其中之一。在世界上其他地区，狼群饱受人类的迫害而深怀戒心。然而此地人迹罕至，北极狼徜徉在冰雪荒原上悠然自得，对人类毫不畏惧。

北极狼

● 神秘海岛

会旅行的岛 ＞

　　在加拿大东南的大西洋中，有个叫塞布尔的岛。这个岛十分古怪，会移动位置，而且移得很快，仿佛有脚在走。每当洋面刮大风时，它会像帆船一样被吹离原地，作一段海上"旅行"。该岛东西长4千米，南北宽1.6千米，面积约80平方千米，呈月牙形。由于海风日夜吹送，近200年来，小岛已经向东"旅行"了20千米，平均每年移动100米。塞布尔岛还是世界上最危险的"沉船之岛"，在这里沉没的海船先后达500多艘，丧生的人计5000

多名。因此，这一带海域被人们称为"大西洋墓地"、"毁船的屠刀"、"魔影的鬼岛"等。在南半球的南极海域，也有一个会"旅行"的岛，叫布维岛。在不受风浪的影响下，它会自动行走。1793年，法国探险家布维第一个发现此岛，并测定了它的准确位置。谁知，经过100多年，当挪威考察队登上该岛时，这个面积为58平方千米的海岛位置竟西移了2.5千米，究竟是什么力量促使它"离家"旅行的，至今仍是个谜。

幽灵岛 >

　　1831年7月10日，在南太平洋汤加王国西部海域中，由于海底火山爆发而突然冒出一个小岛来，随着火山的不断喷发，它逐渐形成一座高60多米、方圆近5千米的岛屿。然而，当人们还在谈论它并有所打算时，它却像幽灵一样消失在洋面上。过了几年，当人们对它早已忘得一干二净时，它又像幽灵一样从海中露了出来。据史料载，1890年，它高出海面49米，1898年时，它又沉没在水下7米。1967年12月，它再一次冒出海面，可到了1968年，它又消失得无影无踪。就这样，这个岛多次出现，多次消失，变幻无常。1979年6月，该岛又从海上长了出来。据科学家预测，如果今后火山不再喷发，该岛仍有可能沉没、消失。由于小岛像幽灵一样在海上时隐时现，所以人们把它称为"幽灵岛"。

　　在日本宫古岛西北20千米的海面上，也有一个幽灵似的小岛，面积150平方千米。可惜一年当中只有潮水变化最大的一天才肯露出海面，而且仅仅3个小时，其他时间则一概看不到它。

沙尘积成的岛 ＞

在20多万个海岛中，主要由尘土堆积成的海岛就是太平洋中部的夏威夷岛。提出这个推论的是以美国马里兰大学威廉斯·佐勒博士为首的一些科学家，他们通过对夏威夷岛的土质分析和气象研究，发表了一个令人吃惊的论点，夏威夷岛的大部分是由中国吹来的沙尘所形成。这位博士解释说，在中国，每年春天是沙尘暴频繁的季节，大量的尘埃被驱出中国大沙漠，它们在空中形成宽达数百英里的浓云，这个巨大的云层被劲风吹越过北太平洋到达阿拉斯加海湾，尔后向南移动，最后落到夏威夷附近，年复一年形成了这个岛屿。

天然美容岛 ＞

意大利南部有个巴尔卡洛岛，很早以前，由于岛上火山爆发，熔岩流到山下形成泥浆，积在十几个池子里。这些泥浆能洁白和滋润肌肤，使之嫩滑雪白，而且还能治疗妇女的腰痛并具有减肥作用，因此获得天然美容岛之称。

巴尔卡洛岛的美容功能吸引了国内外成千上万个爱美的游客。每当夏日，岛上十几个泥浆池里，挤满了世界各地来的人，数不清的男男女女，老老少少，在泥浆里滚来爬去，往身上、脸上涂

沫，以使自己的皮肤更白嫩，更细腻。

死神岛 ＞

在加拿大东岸有一个不毛孤岛叫世百尔岛。岛上草不生长，鸟不歇脚，没有任何动物和植物，光秃秃的，只有坚硬无比的青石头。奇怪的是每当海轮驶近小岛附近，船上的指南针便会突然失灵，整只船就像着了魔似的被小岛吸引过去，使船只触礁沉没，好像有死神在操纵。许多航海家"望岛生畏"，叫它"死神岛"。

世百尔岛

127

图书在版编目（CIP）数据

岛屿的故事/张玲编著.—长春：北方妇女儿童
出版社，2015.7 （2021.3重印）
（科学奥妙无穷）
ISBN 978-7-5385-9335-8

Ⅰ.①岛… Ⅱ.①张… Ⅲ.①岛—青少年读物
Ⅳ.①P736.14-49

中国版本图书馆CIP数据核字（2015）第146851号

岛屿的故事
DAOYUDEGUSHI

出　版　人	刘　刚	
责任编辑	王天明　鲁　娜	
开　　本	700mm×1000mm　1/16	
印　　张	8	
字　　数	160千字	
版　　次	2016年4月第1版	
印　　次	2021年3月第3次印刷	
印　　刷	汇昌印刷（天津）有限公司	
出　　版	北方妇女儿童出版社	
发　　行	北方妇女儿童出版社	
地　　址	长春市人民大街5788号	
电　　话	总编办：0431-81629600	

定　　价：29.80元